馒頭話題

MANTOU HUATI

丁学军／著

河南大学出版社
HENAN UNIVERSITY PRESS

·郑州·

图书在版编目(CIP)数据

馒头话题/于学军著.—郑州:河南大学出版社,2016.11
(2020.7重印)

ISBN 978-7-5649-2617-5

Ⅰ.①馒… Ⅱ.①于… Ⅲ.①面食—饮食—文化—中国
Ⅳ.①TS971.2

中国版本图书馆 CIP 数据核字(2016)第 270204 号

责任编辑　马　博　肖凤英
责任校对　邢金平　时二凤
封面设计　马　龙
封面题字　潘新超

出　　版　河南大学出版社
　　　　　地址:郑州市郑东新区商务外环中华大厦 2401 号　邮编:450046
　　　　　电话:0371-86059701(营销部)　网址:hupress.henu.edu.cn
印　　刷　广东虎彩云印刷有限公司
版　　次　2016 年 11 月第 1 版　　印　　次　2020 年 7 月第 2 次印刷
开　　本　890mm×1240mm　1/32　印　张　4.5
字　　数　83 千字　　　　　　　　定　价　25.00 元

目　录

序

郑邦山

对于馒头，大家应该都非常熟悉了。可是，通过吃馒头来谈文化自信，这个话题乍听起来似乎有些让人不置可否。不过，在弄清楚了主食消费的广泛性、主食与广大消费者关系的密切性、主食对人们日常生活影响的深远性、主食在不同人群饮食中的代表性、主食在所有食物中的不可替代性、主食安全对人类健康及社会安定的重要性等以后，我们就不难理解，作为一种典型的主食，馒头不仅是记述民生故事的文化符号，更是担当着文化自觉和自信的生动载体。

《礼记·礼运》中说："夫礼之初，始诸饮食。"饮食活动是人类一切活动的基础，而主食的生产和消费，又是人们饮食活动中的重中之重。作者多年来致力于馒头文化研究，本书是其研究论文的汇编，内容涉及食品蒸制技术的先进性和历史地位，蒸制面食的优越性和现实定位，主食生产与人类文明的关系，馒头文化的特点和内涵，主食自信的内涵与意义，本土农业和民族食品工业的发展，传统主食品加工的现代化改造，主食文化的自觉与自信，建立馒头博物馆，"馒头制作技艺及饮食习俗"申报非物质文化遗产的必要性、重要性和可行性等多个方面。

从书中的字里行间我们仿佛看到，馒头幻化成为一个谦逊的巨人，它的出身是那么奇妙，它的经历是那么漫长，它的地位是那么高贵，它的作用是那么重要，但是它的为人却是那么低调随和，它的作风又是那么朴实可亲，让我们的感激和敬意油然而生。同时，对于馒头这个伴随我们一生、一日三餐相见的老朋友，有了"原来如此"的新认识，也对它身上积淀的厚重的文化元素产生了新的思考。

当然，书中的一些说法不一定十分到位，一些观点不一定十分准确，还需要进一步推敲和完善。

馒头话题，很有意思！很有意义！

是为序。

2016 年 3 月 24 日

馒 头 话 题

　　馒头是中国北方人的主食,至今已有两千年的历史了。中国人从祖先的基因里遗传下来的胃酶也习惯了消化馒头。突然有一天,有一种叫"面包"的食物进入了中国,一下子打乱了人们平静的生活。有人开始对面包盲目崇拜,甚至认为吃馒头很老土,对祖宗传下的食物失去了自信。

　　事实上,馒头和面包不能说孰优孰劣,应该是各有千秋,都有其发展的渊源和存在的价值。至于说是吃馒头好,还是吃面包好,答案应该是:适合的就是最好的。由于地理环境、气候状况、植物生长特质、人群生理特点、民俗礼仪、社会结构等因素的长期影响,馒头成为中国北方人主食的首选。

　　这里,围绕馒头谈几个话题。

　　话题一:馒头是中国古代农耕文明的产物。

　　我们知道,人类发现火的用途后,告别了茹毛饮血的生食时代,开始了熟食时代(也叫火食时代)。最早的熟食都是烤烧而成的,而且以肉类为主。烧烤方法"炮生为熟,令人无腹疾,有异于禽兽"①,但这仍然是一种非常粗糙的生活方式。进入农耕时代后,谷物逐渐代替肉类成为人们的主食,但熟化方式还是烤与烧,也就是所谓的"神农时,民食谷,释米加于烧石之上而食"②。尽管我们聪明的祖先发明了"石板烧"的烹饪方法,但由于谷物呈颗粒状,传热不均匀,烤出来的谷物生的生、煳的煳,吃起来并不那么可口。到了黄帝时代,人们发明了陶器,如陶罐和陶甑等,把谷物放进去加水煮或蒸熟,吃起来口感很好,于是就有了《古史考》中所谓"黄帝始蒸谷为饭,烹谷为粥"的说法。陶器炊具的出现,真正的"火食之道始备",人类从此开始了蒸煮食物的崭新时代。

当然,无论是烧烤还是蒸煮,当时我们的祖先吃的都是"粒食","凡粮食,米而不粉者种类甚多"③。经过漫长的岁月,以小麦为主食的先人们开始感到粒食吃起来不那么美味,于是又发明了磨,"凡磨……利齿旋转,破麦作敉,然后

---

① (宋)李昉:《太平御览·卷七八》,中华书局1960年版,第363页。

② (宋)李昉:《太平御览·卷八四七》,中华书局1960年版,第3786页。

③ (明)宋应星:《天工开物·乃粒》,中华书局1978年版,第41页。

收之筛罗,乃得成面"①,"粉食"随之出现了。但如何吃面,古人有自己的见解。游牧民族逐水草而居,经常迁徙,带的陶罐和陶甑经过路途颠簸,常常会破碎,临时再烧陶又来不及,就采取烤的方法来加工食物,即把和好的面团拍成饼,摊在烧红的陶片或石板上烘烤熟,食用快捷,携带方便。农耕民族生活场所比较固定,盖屋垒灶,盆盆罐罐齐全,时间也相对充裕,于是选择蒸的方法来加工食物,即把面粉调和成面团,揉搓成型,放入陶甑中蒸熟,吃起来更可口。久而久之,烤和蒸这两种食物加工方法分别成为游牧民族与农耕民族饮食生活的典型特征。

把食物蒸熟,现在看起来是非常平常的事。但"蒸"在人类饮食生活史上,是一个不亚于卫星上天的充满智慧的伟大发明,让我们再回顾一下其发展历程:

由烤到煮,人类真正进入了"饮食"时代。农耕使先民们定居下来,而且有了相对稳定的谷物来源和宽裕的时间,于是先民们开始琢磨如何吃得更好。他们把谷物放进陶罐,加水熬煮成汤汤水水、热乎乎的糜状,吃起来软硬适中,老幼皆宜。从此,人们的生活中就有了"粥"。煮是间接地用火的能量加热陶罐中的水,同时也加热水浴中的谷物,达

---

① (元)王祯:《农书·卷十六》,中华书局 1956 年版,第 292页。

到熟化的目的,可以说是对烤的彻底颠覆,是人类认识和利用火的一个新高度。

由煮到蒸,人们的饮食生活更加丰富和精致。随着农耕的一天天发达,谷物的种类和数量逐渐增多,煮出来的粥已经不能满足人们日益增长的饮食需要。粥宜稀忌稠,稠了容易焦煳、粘在罐底,刮洗罐底又容易把陶罐弄破。陶甑应运而生,蒸的方法随之出现。蒸的发明体现出古人智慧的新高度,它巧妙地利用水蒸气的热量,将谷物隔水蒸熟,从此人们吃上了不煳不硬、口感筋道、谷香溢齿的"饭"。饭是用整粒的谷物蒸出来的"粒食","粉"出现后,人们又用粉蒸出了"饼"。在我国古代,饼是所有"粉食"的通称,《靖康缃素杂记》记载:"凡以面为食具者,皆谓之饼。故火烧而食者,呼为烧饼;水瀹而食者,呼为汤饼;笼蒸而食者,呼为蒸饼。"其中,"蒸饼"就是现在馒头的雏形。

蒸使人们的饮食生活得到了升华,是人类饮食史上的一个里程碑。蒸是以水蒸气为加热介质,在100℃左右的温度下,使食物熟化的过程。馒头是蒸制食物的代表,优点是最大限度地保留了食物中的水分和营养,口感柔和;缺点是不易长期存放。相比之下,烤的温度一般达200℃左右。面包是烤制食物的代表,优点是水分少,便于长时间存放和外出携带;缺点是高温使面粉中原本就缺乏的赖氨酸等营养素损失严重,高温作用于淀粉还会产生少量有害物质,比如丙烯酰胺等。

烤和蒸这两种食物加工方法是在石器和陶器（新石器）这两个时代先后出现的，在金属器出现后，尽管炸、炒等食物加工方法被发明，但烤和蒸仍然是人们加工食物的主要方法。而且，在游牧文明与农耕文明两大文化背景下，烤和蒸分别被发扬和完善，成为两大文化生态圈饮食生活方式的典型标志。

中国是世界上农耕文化最发达的国家，根植于深厚农耕文化氛围的中国人，选择蒸的方法来使食物熟化，是历史的必然。馒头作为蒸制食物的典型代表，自然也成为异彩纷呈的世界饮食时空中一颗璀璨的明星。

话题二：馒头与中国的小麦生产。

统计资料显示，我国每年消费的 7000 万吨小麦粉中，有 30% 是用于馒头生产，有 53% 是用于面条、饺子和其他中式面点的生产，用于面包、饼干和西式糕点生产的只有 8%。馒头、面条、饺子适用的都是中筋面粉，目前我国绝大多数的小麦品种属于中筋小麦。应该说，用中国的小麦粉加工中国的主食品是最恰如其分的。

但是，在对待中国小麦生产和中国主食品加工的问题上，我们有过误区，走过弯路。曾经有一段时间，一部分人把中国主食的产业化错误地理解为主食面包化。一时间，进口的高筋小麦风靡中国，"中国小麦品种应改良，以适合做面包"的论调也闻风而起。在此背景下,我国在制定小麦新标准时,也片面强调了筋力高低,没有考虑下游中式主食产品的加工适用性,把高筋小麦定义为"优质麦"。这不仅损害了种植传统国产小麦的农民的利益,也减缓了中国主食品生产工业化的步伐。

用国外食品的生产要求来制定我国的农产品标准,实在是为别人做嫁衣,也正中了竞争对手用自己的游戏规则约束我国农产品,以达到大量输出自己产品的阴谋。这绝不是危言耸听,我国在大豆生产上已经吃了亏,特别在当今世界粮食出现危机时,我们理解得可能会更深刻。

另外,我国目前的粮食收购政策也存在上述厚此薄彼的问题。高筋小麦的收购价格每斤比中筋小麦高了0.05元,这是非常不合理的,甚至是本末倒置的。制定政策的人出发点可能是好的,是想引导农民种植"优质麦",以取代进口,抑制外来小麦。但这是捡了芝麻丢了西瓜,把考虑问题的前提弄错了。中国是蒸煮食品生产和消费大国,需要扶持和引导的恰恰是中筋小麦种植,为我国蒸煮食品的生产提供相适应的充足的原料,而不是为保证一小部分西式糕点的生产就削足适履。当然,适度发展我国的高筋小麦生产,满足我国食品发展多元化的需要,还是可以兼顾的。

话题三:馒头的产业化。

我国的馒头制作,过去是家庭自做自用,现在是作坊加工、摆摊销售,下一步要产业化经营。当然,馒头产业化不是一蹴而就的,需要方方面面的准备和积累。

首先是重树国人对民族主食品的自信。前文曾提到,我们有一部分人认为吃面包洋气、时尚,吃馒头土气、丢份儿,这其实是对民族主食品不自信的表现。中国人吃馒头的历史,至少可以追溯到战国时期。据《事物绀珠》记载,相传"秦昭王做蒸饼",这里的蒸饼是用未发酵的面团蒸出来的,是馒头的肇始。《南齐书》记载,朝廷规定在太庙祭祀时用"面起饼"。"面起饼"是"入酵面中,令松松然也"的发面饼,可视为中国最早的馒头。"馒头"的叫法出自三国时期,传说在一次祭祀活动中,仁慈的诸葛亮不忍心用战败的蛮人的头来祭献神明,便用蒸面团来代替蛮人的头。此后,人们便称蒸面团为"蛮头",后演化为"馒头"。这里,我们通过"馒头"这个名称的来历,还看到了中国文化中"仁爱"的人性。武则天时期,四品官张衡因经不起"蒸饼新熟"的诱惑,"遂市其一,马上食之",因有辱官体,被罚"不许入三品"。①宋代时,馒头因味美可口而为当时的太学里的儒生们经常食用,所以有"太学馒头"之称。岳珂《玉楮集》还有馒头诗记述此事:"几年太学饱诸儒,薄伎犹传笋蕨厨。公子彭生

① (唐)张鷟:《朝野金载·卷四》,中华书局1979年版,第94页。

红缕肉,将军铁杖白莲肤。芳馨正可资椒实,粗泽何妨比瓠壶。老去牙齿辜大嚼,流涎才合慰馋奴。"这里的馒头,是指有馅的那种。实际上,外国食品史学者也非常推崇中国的馒头,把它誉为古代中华面食文化的象征。《本草纲目》记有:蒸饼味甘、性平、无毒,具有消食、养脾胃、温中化滞、益气和血、止虚汗、利三焦、通水道的功能。一方水土养一方人,中国人选择馒头作为主食不是偶然的,它是中国人与自然环境长期磨合、和谐共处在饮食生活中的体现。

其次是把馒头的开发、生产和营销作为"天"大的事情来办。我国已进入后工业时代,但作为中国人主食的馒头,其加工和销售却处在一个比较原始的状态,这与我国当前提出的"科学发展,构建和谐社会"的要求是不符的。吃饭问题从来都是大问题,正所谓"食者,国之大事也"。馒头的问题不应该仅仅是家庭主妇关心的家务事,而应该成为领导、专业人士和企业家共同关注的大事业。资料显示,我国城市家庭中有 93% 是在市场上购买馒头,馒头有着 800 多亿元的市场空间。也就是说,政府在馒头上下功夫,是历史赋予的义不容辞的责任;企业在馒头上下功夫,是广阔天地大有可为的。

再次是建立中式主食品的科学理论体系,恢复馒头在世界食品家族中应有的地位。没有科学的理论,就没有科学的实践。目前,我国共计 150 多所高等院校设有食品专业,但没有一本教材系统地讲解馒头、面条、饺子等蒸煮食品的生产工艺和设备，都是沿用苏联的教科书，讲的是面包、饼干等焙烤食品。因为很少有人系统研究中式食品的科学与工艺学，所以至今没有形成较完整的科学理论体系，也少有专门的学术著作问世。因此，尽管我国馒头历史悠久，但在现代食品科学殿堂上却缺乏一席之地。

最后是采用现代技术成果、结合馒头的特点和中国人的消费习惯、借鉴面包生产的合理内涵，走出我国馒头产业化的道路。具体做法应该是：

第一，安全卫生方面，实行严格的市场准入制度。

第二，生产经营方面，可以采取灵活多样的方式。对于批量大的主食馒头，可以进行标准化集中生产加工，物流化分片配送，用品牌占领市场；对于批量小的花色馒头，可以采取前店后做的方式，用特色赢得市场。当然，制作间和店面的环境与设施一定要规范达标。

第三，随着人们生活节奏的加快和消费水平的提高，可以适度发展"预调理冷冻馒头"。运用速冻技术，生产加工出不同系列的产品，再利用"冷链"物流，把产品输送到旅游点、连锁店、超市、酒店、学校等地，满足不同群体的需要。

第四，开发馒头延伸产品，丰富市场。如馍片，充气包装的点心馒头，民间传统的花馍、礼馍、喜馍等。

（本文发表于《豫粮通讯》2008年第3期）

谈食品蒸制技术的先进性及历史地位和蒸制面类主食品的优越性及现实定位

摘　要：食品蒸制技术是以水蒸气为传热介质，对食物进行熟化定型的食品加工技术，是迄今世界上最先进、最安全、最经济、最便捷的主食品加工技术。它的发明使人类的饮食生活达到了一个新境界，它与带动工业革命的蒸汽机的发明具有同等重要的历史地位。蒸制面类主食品的品质优于其他类型的主食品，以馒头为代表的蒸制面类主食品应该成为当今人类主食品的第一选择。

关键词：食品蒸制技术，主食品，馒头，面包

一、食品蒸制技术的产生及历史地位

人类在认识和改造自然的历程中，对水蒸气的利用有两大创举，一是发明蒸制食物的陶甑，标志着农耕文明步入成熟期；二是发明蒸汽机，使人类跨入了工业社会。这两大

发明均具有划时代的意义,也具有同等重要的历史地位。

人类最早使食物熟化的方法是烤烧。一是直烧,如"肉贯火上炙而食之","有兔斯首,燔之炙之"①,"煨芋为粮"等。燔是直接把食物加于火上烧;炙是用树枝把食物串起来近火烤;煨是把野芋等食物投入熄火的草木灰中,利用其余热烘熟。二是炮烧,《古史考》载"燧人氏钻火,始裹肉而燔之,曰炮",即把食物用泥土或植物叶包裹起来,放在火堆中烤烧。三是石燔,又叫石板烧,就是把食物放在烧热的石板上,使其熟化,如"燔黍,以黍米加于烧石之上燔之使熟也"②。人类使用烧烤方法来制熟食物的历史至少有 50 万年。

农耕出现后,人工种植的谷物增多,谷物逐渐代替肉类,成为人们的主要食物,即"神农时,民食谷,释米加于烧石之上而食"③。由于谷物呈颗粒状,传热不均匀,烤出来的食物生的生、煳的煳,口感很差。

《古史考》云"黄帝时有釜甑",人类真正进入了"蒸谷为饭,烹谷为粥"的火食时代。

011

① 《诗经·小雅·瓠叶》,五洲传播出版社 2012 年版,第 647 页。
② (元)陈澔:《礼记集说》,凤凰出版社 2010 年版,第 171 页。
③ (宋)李昉:《太平御览·卷八四七》,中华书局 1960 年版,第 3786 页。

先民们把谷物放进加有水的陶釜中，再把陶釜架在火上烧，火把陶釜中的水烧沸，也把水中的谷物熬煮成糜状。从此，人们的生活中就有了"粥"。食物煮制方法的出现是人类认识和利用火的一个新高度。人类煮粥的历史大概有1万年左右。

当时煮粥宜稀忌稠，稠了容易焦煳、粘在釜底，刮洗釜底又容易把陶釜弄破。人们便把谷物放在底部有孔的陶甑中，再把陶甑置于陶釜上，火把陶釜中的水烧沸，水蒸气通过陶甑底部的孔进入陶甑中，把谷物隔水蒸熟，人们从此吃上了不煳不生、干湿适中的"饭"。《诗经·大雅·生民》记有："或舂或揄，或簸或蹂。释之叟叟，烝之浮浮。"前两句是描绘勤劳的先民舂谷脱壳的场面，后两句是他们淘米蒸饭的情景。唐朝孔颖达疏："淘米则有声，故言叟叟之声；蒸饭则有气，故言浮浮之气。"

《周易·既济》记有："水在火上，既济。"食物蒸制方法巧妙地借助于水火相济产生的神奇精灵——水蒸气来蒸熟食物，达到了单独使用水或火均不能达到的效果，它的发明体现出古人的高度智慧。蒸制食物使人们的饮食生活更加丰富和精致，是人类饮食史上一个新的里程碑。人类开始蒸制食物大概在6000年前。

今天，食物蒸制方法仍然是使用最广泛的主食加工方法，除了蒸锅（釜）、蒸笼（甑）的材质在不断改进外，其基本结构和加工方法几乎与几千年前一模一样。这说明食物蒸制方法经得起时间的考验，具有非常合理的技术内涵和不可替代的实用价值。

二、馒头与面包的产生及文化背景

无论是用烧烤还是用蒸煮方法来制熟食物，我们的祖先吃的都是"粒食"。经过漫长的摸索，人们发明了磨。"凡磨……利齿旋转，破麦作麩，然后收之筛罗，乃得成面，世间饼饵，自此始矣"①，"粉食"出现了。在我国古代，饼是所有"粉食"的通称，《靖康缃素杂记》记载："凡以面为食具者，皆谓之饼。故火烧而食者，呼为烧饼；水瀹而食者，呼为汤饼；笼蒸而食者，呼为蒸饼。"汤饼是今天面条、面片、饺子、馄饨等的滥觞。饵是米粉做的"饼"。清朝人成蓉镜根据东汉刘熙所著《释名》的内容总结说："盖谓溲麦屑蒸之曰饼，溲米屑蒸之曰饵，划然为二。"②从"粒食"到"粉食"，是人类饮食生活的又一大进步。

013

---

① （元）王祯：《农书·卷十六》，中华书局 1956 年版，第 292 页。

② （东汉）刘熙：《释名疏证补》，中华书局 2008 年版，第 136 页。

至于古人是吃烧饼还是吃蒸饼,和目前我们是选择吃面包,还是吃馒头,看似纯粹是个人爱好问题,实际上是生活环境和劳动方式使然。

古代的西方人以游牧为主,逐水草而居。频繁的迁徙使他们的饮食生活比较简单,加之他们饮食中的肉食比例较大,所以加工食物以烧烤为主。后来有了小麦粉,他们加工食物仍然沿袭了烧烤的方法,就是把调好的面团拍打成饼,摊在烧红的石板上烘烤熟,食用快捷,携带方便。蒸法在西方饮食史中几乎没有出现过,或者出现后又被放弃。所以,西方古时无蒸法,现在也极少使用蒸法加工食物。

中国古代农耕发达,而且形成了南稻北粟的食物格局。生活比较稳定、时间相对充裕的先民,逐渐发明了较复杂的蒸法来制熟食物,把米或粟蒸成饭。小麦传入后,开始也是蒸煮成麦饭(古时称"麰"),后来有了面粉,仍沿用蒸法,做出蒸饼。所以中国有馒头和米饭两种典型的蒸制食物,这是一种独一无二的饮食现象,在其他国家几乎没有。日本学者石毛直道先生认为:"蒸食技术在世界上属中国最为发达,因而它成为具有中国特色的烹调方法之一。这一技术还影响了朝鲜半岛、日本及东南亚各国的饮食文化,中国人在利用火的热量方面在世界居于领先地位。"

烤和蒸这两种食物加工方法在游牧文明与农耕文明两大文化背景下,被分别发扬和完善,成为游牧民族与农耕民族食物加工的主要方式。后来,烧饼逐渐演化成今天的面包,蒸饼逐渐演化成今天的馒头,分别成为东方和西方两大文化区的代表性面类主食品。

中国人吃馒头的历史,至少可以追溯到战国时期。明代黄一正所编《事物绀珠》记有"秦昭王做蒸饼",这里的蒸饼是用未发酵的面团蒸出来的,是馒头的肇始。南朝萧子显著《南齐书》记载,朝廷规定在太庙祭祀时用"面起饼"。"面起饼"是"入酵面中,令松松然也"的发面蒸饼,可视为中国最早的馒头。"面起饼"暄软清香,受到人们的普遍欢迎,迅速代替较早从西域传入境内的烤饼(又称胡饼)。

"馒头"的叫法出自三国时期,明代郎瑛在《七修类稿·事物类·馒头青白团》记载:"蛮地以人头祭神,诸葛之征孟获,命以面包肉为人头以祭,谓之蛮头。今讹而为馒头也。"这里,我们通过馒头名称的来历,还看到了中国文化中闪烁出的"仁爱"的人性光辉。

宋代时,馒头的品种已达 50 种之多,因味美可口而经常为当时的太学生们食用,故有"太学馒头"的称谓。岳飞之孙岳珂还有馒头诗记述此事:"几年太学饱诸儒,薄伎犹传笋蕨厨。公子彭生红缕肉,将军铁杖白莲肤。芳馨正可资椒实,粗泽何妨比瓠壶。老去牙齿辜大嚼,流涎才合慰馋奴。"这里的馒头,是指有馅的那种。后来,人们称无馅的为馒头,有馅的为包子。

《本草纲目》记有：蒸饼味甘、性平、无毒，具有消食、养脾胃、温中化滞、益气和血、止虚汗、利三焦、通水道的功能。实际上，国外的食品史学者也非常推崇中国的馒头，把它誉为中华面食文化的象征。

三、食品蒸制技术的先进性和蒸制面类主食品的优越性

目前，主食的加工方法主要有 3 种：烤、煮、蒸。因为煮出来的食物带有汤水，不便携带和储存，适合现吃现做，所以主食生产以蒸和烤为多。

炊事用蒸汽的温度在 100℃ 左右，被熟化的面食品（如馒头、包子等）无论体积大小，在加热一定时间后（30 分钟左右），其内外部温度都可以稳定在 100℃ 左右。这种蒸制工艺的优点是：使食品熟化的同时，使其"外不焦，内不生"；食品中心部位的温度达到 100℃，对食物杀菌彻底；100℃ 条件下，基本上不发生非酶褐变，氨基酸的有效性保持较好，营养成分可保存 95％ 以上；生面坯可以包裹生鲜馅料，蒸制后不会出现外熟里生的现象；食物始终处于水蒸气的环境下，不会过分失水，表面柔软不干裂；虽然馒头等蒸制食品放凉后容易变硬，但是复蒸如新，具有冷链食品的特点，是蒸制食品产业化的优势条件。相比之下，焙烤食品

时,烤炉火焰温度可达 800℃ 以上,电烤箱的底火、面火温度也在 200℃ 左右。被焙烤物(如面包坯)的外壳会快速失水硬化,形成热的不良导体,这种焙烤工艺的缺点是:食物极易"外焦内生";食物的中心温度不易达到 90℃ 以上,即使达到,持续时间也很短,不能对食物彻底杀菌;相关研究表明,焙烤温度超过 100℃ 时,可使淀粉质食品产生过量的丙烯酰胺,这是一种致癌物,已经引起人们对焙烤食品安全性的重新评估;不易加工夹馅食品,因为食品外皮烤焦时,内部的馅仍然可能是生的。

当然,高温下烤制的面包,由于美拉德反应的原因,产品的香味比较浓郁;由于水分含量低,常温下保存的时间较长。这些是面包产品的优点。

食物在熟制过程中,需要热的介质来传导热量,如果热介质的传导效果不好,就会造成受热不均匀,轻则导致营养流失,重则改变食物结构,产生有毒有害物质。比较烤、煮、蒸 3 种主食加工方法:烤是以热空气为介质,温度较高,制品的营养成分损失较大,如维生素 B1 损失率达 30%,吃了容易上火;煮是以水为介质,制品不便携带和储存;蒸是以水蒸气为介质,制品干湿适中,营养均衡。

澳大利亚的科研人员曾将试验小鼠分成若干组,分别不限量饲喂用不同烹饪方法制得的食物。3 个月后,得出的结论是:蒸制食物有利于维持试验动物健康,这种优势在食物过量的情况下尤其明显,而食物过剩正是当前大多数人在日常生活中的普遍状况。

四、蒸制面类主食品的现实定位

主食是相对于副食来讲的,是人们一日三餐必不可少的主要食物。副食品是一种配食。人类早期饮食生活中没有主副食的区分,那时候是有什么吃什么,以果腹为标准。副食的出现,是人类饮食文明提高到一定程度后的结果。但是,副食代替不了主食,因为只有主食可以比较全面地提供人体生长发育所需要的营养素。随着社会的进步,主副食的比例也在不断发生变化。

根据食品蒸制技术的先进性和蒸制面类食品的优良品质,我们可以得出这样一个结论:以馒头为代表的蒸制面类主食品应该成为当今人类主食品的第一选择。这不仅是科学的判断,也是人类历史发展的必然。

人类饮食文化的起源、发展和定型都是在农业文明时期。当时,生产力不发达,食物来源少,加工工具简单。游牧民族和农耕民族根据各自的生产生活条件,分别选择了烤饼和蒸饼作为本民族的主食,这在当时是合情合理的。但是,社会发展到了今天,人们已不再为食物的来源和加工而煞费苦心,吃饭已不再是生存问题而是生活质量问题,所以我们应该反省和重构饮食生活方式。

世界经济的一体化使人类进行着新的大融合,东、西方已经成为地理概念。没有谁可以规定,西方人非面包不吃或中国人非馒头不吃,一切都要按照科学的标准重新评估和整合。今天,选择主食品的原则应该是:原料来源广泛、经济;加工方法科学、简便;产品安全卫生、营养均衡、美味适口、食用方便。

面包作为一种主食,存在诸多缺陷,已经不再适合人类的健康诉求,应该被扬弃,可以作为一种副食保留下来。馒头等蒸制面类主食品作为健康食品,已不再是中国人的专利,而是全人类共同的文明成果。从人类健康的角度考虑,馒头应该推广到全世界,成为地球人的主食品。

目前在我国,有人认为面包比馒头好,一些年轻人认为吃面包时尚,吃馒头老土。还有人提出,中国主食的产业化方向应该是面包化,提倡中国人应以面包为主食。持这种观点的人一方面对食品蒸制技术的先进性和馒头等蒸制面类主食品的优越性认识不够;另一方面是对民族饮食文化不自信。当我们认识了食品蒸制技术的历史地位和蒸制面类主食品的现实定位后,应该树立对蒸制面类主食品的自信,并义不容辞地担当起把馒头推向世界的历史责任。这样做不是从自卑变为自大的不自量力,而是科学考量人类饮食活动后的理性回归。

当然,人们长期形成的饮食习惯和传统,不是一天两天可以改变的,要经历一个漫长的过程。但是,我们要有这么一个信念:不是我们要选择馒头,而是我们必须选择馒头。因为生物进化史就是物种不断选择最适合的生存条件促使自身向更高级形态演变的历史。对于人类来讲,科学合理的膳食结构是健康人生的充要条件。或者说,只有最精致的食粮才能使生命之树绽放出最绚烂的花朵。

参考文献:

1. 于学军.细嚼烧饼[M].郑州:河南大学出版社,2007.

2. 李里特.馒头的国际化和现代化[J].饮食文化研究,2007(2):109－113.

3. 于学军.馒头话题[J].豫粮通讯,2008(3):20－24.

4. 蒸食有利健康[J].健康必读,2008(5):37.

(本文发表于《河南工业大学学报〔社会科学版〕》2009年第5卷第4期)

从主食与文明的关系谈馒头文化的自信

　　摘　要:农业的出现和陶器的发明,主导了人类把谷物当作主食这一选择。主食谷物的生产模式,催生了人类文明的不同形态。主食谷物的物性不同,是东、西方人在熟制主食时分别选择蒸法和烤法的主要原因。小麦传播到中国并取代了小米的地位后,中国人在制作面食时,没有采用西方的烤法,而是沿用了自己已有的蒸法,制作出馒头并使之成为中国北方人的主食。馒头作为蒸制面食的典型代表,围绕它的生产和消费,衍生出了内涵丰富的馒头文化。馒头文化从侧面反映了中国人的世界观和生活态度。

　　关键词:主食,馒头,馒头文化,文化自信

一、人类主食的选择与古代文明起源

　　人类在漫长的进化历程中,绝大多数时间是处于食不

定时、饥饱无常的觅食状态。距今约 10000 年前,先民们在长期采集野生植物的过程中,逐渐认识了一些可食性植物的生长习性,经过无数次的尝试,最终将它们变为可栽培的农作物,从而产生了农业。同一时期,先民们发明的陶器使谷物的大量食用成为可能。故而,农业生产的稳定性和谷物食用的便利性,决定了人类选择谷物作为主食。主食的出现,反映出人类摆脱了饥不择食的生存状态,进入了相对稳定的定居阶段。

全世界有 3 个主要的谷物发源地:西亚是小麦与大麦的发源地,中国是小米和大米的发源地,美洲是玉米的发源地。尽管经过了上万年的风云变化,但是直到今天,小麦、大米和玉米仍然是全球生产量和消费量排名前三位的粮食作物。

农业是人类文明起源的基础,不同的农业模式造就了不同的人类文明形态。小麦与大麦农业种植形成了底格里斯河和幼发拉底河流域的两河文明,即古巴比伦文明。这种农业种植模式传到尼罗河流域,产生了古埃及文明;传到印度河流域,产生了古印度文明。小米和大米农业形成了黄河和长江流域的华夏文明。玉米农业形成了美洲的印第安古文明,包括危地马拉西部山麓的玛雅文明、墨西哥高原的阿兹特克文明和以秘鲁为中心的安第斯山区的印加文明。

两河流域、尼罗河流域和印度河流域的古文明，后来发展为古希腊、古罗马文明，即西方的古代文明。华夏文明一直延续至今，成为东方文明的代表。值得强调的是，在中国，小米（粟和黍）及大米（水稻）农业分别起源于北方的黄河流域和南方的长江流域，形成了"北粟南稻"的格局。之后，黄河流域的小米农业逐渐被小麦农业替代，又呈现出"北麦南稻"的局面。无论是粟、黍与稻农业，还是麦与稻农业，它们都属于两个不同的系统，或者说是两个平行的农业模式。而西亚的小麦和大麦属于同一个体系，这与中国的两种农业并行的状况是不一样的。正是由于"北粟南稻"或"北麦南稻"两种主食农业的互补作用，华夏文明才没有中断或异化。正如日本学者筱田统在其专著《中国食物史研究》中所说："主食作物的种类，往往决定耕种这种作物民族的命运。"就是说，在农业社会阶段，主食的生产方式对文明的产生和发展起着主导性作用。

二、人类熟制食物方式的演进与分化

食物的熟制是人类认识了火的作用之后才有的概念。远古时代，人们的进食都是生吞活剥，即生食。觅食过程中，先民们发现了被自然火烧烤熟的动植物，尝试后觉得口感好,吃后易于消化、减少疾患,便开始主动用火烧烤食物。后来,先民们发明了人工取火,使烧烤食物更加方便。从此人类的饮食生活进入了一个崭新的时代,即熟食或火食时代。

人类熟制食物方式的进程大致是,先有烤,后有煮,再有蒸。烤的方法大概有 3 种:一是直烧,包括燔、炙和煨。燔是直接把食物加于火上烧;炙是用树枝把食物串起来近火烤;煨是把野芋等体积大的块茎类食物投入熄火的草木灰中,利用余热将其烘熟;二是炮烧,即把食物用泥土或植物叶包裹起来,放在火堆中烤烧;三是石燔,又叫石板烧,就是把食物放在烧热的石板上,使其熟化。先民们熟制谷物的方式主要是石燔法。由于谷物呈颗粒状分布,传热不均匀,烤出来的谷粒往往是生熟不均的。尽管如此,烤熟的谷粒吃起来还是比生吃好很多。

先民们发现,往小水坑中投入烧热的石块,可以把水加热,并使散落在其中的食物原料熟化。于是,人们开始在铺垫兽皮的土坑里、竹筒里或封闭的动物皮囊中放入水和食物原料,再放进烧热的石块,来熟制食物。这种方法叫石烹,是"煮"的雏形。

陶器发明后,真正意义的"火食时代"到来了。先民们用陶釜把谷物煮成糜状,"粥"出现了。粥比干烤的谷粒吃起来易咀嚼、易消化,但缺点是饱腹性差,只能稀不能稠,稠了容易焦煳。先民们把底部有孔的陶甑置于陶釜上,水蒸气穿过孔把陶甑中的谷物制熟。这样,"蒸"出现了,不煳不生、干湿适中的"饭"诞生了。食物蒸制方法的发明,体现出古人的高度智慧,是人类饮食史上的一个里程碑。

由于谷物的物性不同,人类的祖先在熟制谷物时选择了不同的方式。脱粒后的小麦、大麦(裸大麦例外)和玉米有一层外皮,煮熟后皮有韧性,咀嚼起来费力。以小麦、大麦和玉米为主食的族群的先民们试着把它们捣成碎块或压扁,煮成的粥吃起来口感改善很多。随着加工工具的不断改进,被加工的谷物粒度越来越细,面粉出现了。用面粉煮成的粥,呈糊状,但饱腹性不好。人们发现,面粉中加入少量的水,可以和成面团。把面团拍扁摊在被加热的石板上,可以烤成面饼。烤面饼吃起来饱腹,口感也好,还方便携带。这样,以小麦、大麦和玉米为主食的族群的先民就选择了烤为熟制食物的主要方式,烤面饼成了他们的主食形式。后来人们发现,在所有谷物面粉中,小麦粉是唯一可以形成面筋的面粉,便利用小麦粉这种特殊性能,使烤面饼逐渐发展成为面包。脱壳后的小米和大米没有外皮,以小米和大米为主食的族群的先民用米煮成的粥不存在口感问题,他们便没有下功夫去把米打碎。为了解决米粥饱腹性差的问题,他们采用了蒸的方式把米蒸成饭,米饭成了他们的主食形式。

这样，以小米和大米为主食的东方族群选择了蒸为熟制主食的主要方式；以小麦、大麦和玉米为主食的西方族群选择了烤为熟制主食的主要方式。直到现在，这种格局仍然没有大的变化。

三、小麦在中国的种植与面食在中国的发展

距今约 5000 年前，小麦由西亚通过中亚进入中国西北地区。之后，由西而东、由北而南在中国逐步传播。唐代以后，小麦全面代替小米，成为中国北方地区的主食谷物。

早期，小麦在中国的食用与小米一样，是"粒食"，即整粒煮成麦粥或蒸成麦饭来吃。这种食物口感不好，推广很慢。战国时期，人们发明了石磨，把麦粒磨成面粉，开始了"粉食"。因为石磨磨粉效率低，面粉产量很少，所以只有少数贵族把用面粉做成的面饼当作副食享用。最早的面饼是烤制的，称胡饼，是由被汉人称为胡人的西域人传过来的。之后，人们逐渐把面食花样翻新，创制出了蒸饼、汤饼（面条）、牢丸（饺子）等。此时，人们把所有用面粉做成的食物统称为饼：用火烤的称烤饼、炉饼，用水煮的称汤饼、索饼，用汽蒸的称蒸饼、笼饼，等等。后来，蒸饼逐渐发展为馒头，成为中国北方人的主食。现在，馒头、面条和饺子被称为中

国的"面食三宝"。

主食的演变首先是拿小麦这个舶来品替代本土的小米;其次是采用自己特有的蒸制方式,制作出有别于烤饼的馒头;最后是把馒头当作自己的主食。这个过程揭示了:随着技术的进步,人们熟制食物的方式不再受到食物原料的物性和自然条件的限制,而是受到生活方式和人文环境的影响。馒头与面包相比较,两者所用的原料相同,加工的过程相似,但熟制的方式不同。它们分别成为东、西方两大文明群体的主食,这是早期的自然因素和后期的文化背景长期作用的结果。

中国人在主食的生产和消费实践中,逐渐形成了自己的主食文化。其中,最具代表性的是馒头文化。馒头文化是以蒸制面食为主食的人们,围绕馒头的生产和消费实践,形成的世界观、生产方式、生活习俗、社会关系等。它的核心是,顺乎自然、应势而为,兼收并蓄、和而不同,固本培元、吐故纳新。可以看出,馒头文化的内涵与中国文化中的道法自然、中庸守己、厚德载物等精髓是一脉相传的。馒头文化是中国文化在饮食生活上的具体表现,同样具备中国文化所蕴涵的广泛的吸纳性、宽厚的包容性和强大的同化力等文化基因,正是这些基因使华夏文明延绵不断、与时共进。

027

四、馒头文化的自觉与自信

唐代时,馒头取代了小米饭,成为中国北方人的主食。唐代张鷟所撰《朝野佥载·卷四》中记载,张衡"因退朝,路旁见蒸饼新熟,遂市其一,马上食之,被御史弹奏。则天降敕:'流外出身,不许入三品。'遂落甲"。这个故事讲的是四品官张衡看到街边新出笼的热馒头,当众大快朵颐,被指有失官体,而受到处分。由此可见,当时蒸制面食尤其是馒头,已甚为人们接受和喜爱了。

清代阮葵生著《茶余客话》记载:"元丰初,神宗留心学校,一日令取学生所食以进。是日适用馒头,神宗食之曰:'以此养士,可无愧矣。'"宋代时,中国的农业文明达到世界领先水平,面食的制作与消费也达到前所未有的繁荣。南宋末周密著《武林旧事·蒸作从食》记载的面食花色达50种以上,有子母茧、春茧、大包子、荷叶饼、芙蓉饼、寿带龟、子母龟、欢喜、捻尖、剪花、小蒸作、骆驼蹄、太学馒头、羊肉馒头、细馅、糖馅、豆沙馅、蜜辣馅、生馅、饭馅、酸馅、笋肉馅、麸蕈馅、枣栗馅、薄皮、蟹黄、灌浆、卧炉、鹅项、枣锢、仙桃、乳饼、菜饼、秤锤蒸饼、睡蒸饼、千层、鸡头篮儿、鹅弹、月饼、炙焦、肉油酥、烧饼、火棒、小蜜食、金花饼、市罗、蜜剂、春饼、胡饼、韭饼、诸色夹子、诸色包子、诸色角儿、诸色果食、诸色从食等。宋代朝廷用馒头供养士大夫,足见馒头在人们饮食生活中的分量之重。

在陕西韩城一带,男女结婚时,女方送男方枣糕子馍,即一种面盆大小的圆形馍塔。下层的大圆馍寓意平安圆满,中间夹铺的红枣代表早生贵子,上层的花馍有生活节节高之意。糕子上的花卉图案,莲花代表新娘的纯洁,牡丹花预示新娘将给夫家带来吉祥和富贵。结婚酒席上的长条卷馍,是女性生殖的象征,昭示家族繁衍。结婚后,不同时期,娘家要给女儿送不同的花馍:正月十五送油花子馍,即夹有一颗枣的花卷馍,祈求女儿早点孕育生命;五月端午送串串子馍,即仿十二生肖造型做的串状馍,如果女儿已经怀孕,希望孩子一个连着一个出生;女儿临盆时送角子馍,角子口间嵌一颗核桃,预祝女儿生育顺利;孩子满月送圈圈子馍,圈住生命;孩子过百天送面猫、面虎,以保护孩子。可见馒头不仅是人们日常生活的食物,还是人生不同阶段的礼物。各种各样的花馍,表达了人们对生命的敬畏和对生活的热爱。

中国馒头还传到日本等地。每年 4 月 19 日,日本饮食界都要在奈良的林神社举行朝拜馒头始祖林净因的仪式。林净因是元代浙江人,1350 年东渡日本,在奈良制作中国馒头。他改变中国馒头用肉和菜作馅的常规,创制出以日

029

本当地小豆为馅的甜馒头。这种表面上描有粉红色"林"字的馒头,受到日本百姓的热捧。当时的后村上天皇品尝后也非常喜欢,便赐宫女给林净因作妻。林净因结婚时,曾制作了大量甜馒头,广赠邻里好友,作为喜庆礼物。此后,人们在庆祝婚嫁等喜事时也送馒头贺喜,并形成风俗,流传至今。林净因因此被奉为日本馒头始祖。林净因的七世孙林宗二,为了继承与发扬祖业,编撰出版《馒头屋本节用集》,第一次对祖先制作馒头的经验做了总结,成为日本饮食史中的重要著作。

日本学者石毛直道称:"蒸食技术在世界上属中国最为发达,因而它成为具有中国特色的烹调方法之一。这一技术还影响了朝鲜半岛、日本及东南亚各国的饮食文化。"中国的馒头影响深远,被国外学者誉为中华面食文化的象征。

宋代以后,我国的技术进步几乎停滞不前,馒头的加工在当时的水平上也基本没有改进,一直是经验传承和作坊式制作与售卖,生产效率低,质量不易保证。特别是进入现代社会,这种小农的生产方式与工业文明确实是格格不入。昔日绚烂盛开的馒头文化之花,在现代生活的大环境里,显得有些黯然失色。相反,工业革命后,西方人把面包的加工和质量控制作为一门科学进行了系统的研究,建立了完整的科学理论体系,并将面包的生产进行了工业化改造,实现了产业化。

西方生活方式传入并开始影响中国,20 世纪 70 年代后期得到升华,吃面包成为一种时尚。在对待面包和馒头的问题上,一少部分中国人出现迷茫和误识。有虚荣心作怪者,认为吃馒头土气没面子,吃面包洋气有派头;有技术崇洋者,认为面包生产已经实现了标准化、工业化,主张把中国人的主食改成面包,并否定了中国自产的适合馒头加工用的小麦品种,要求引入和进口国外适合面包生产用的小麦品种和面粉以及面包加工设备;有一味媚外者,什么理由也不讲,就是觉得西方好,主张包括主食在内的生活方式的全盘西化。这些观念和主张是完全错误的,是文化自卑的表现。它们削弱了人们的自信心,阻碍了本土农业和主食产业的发展,动摇了我们的文化根基。

因为烤制面包的干热介质(200—800℃)使面包坯外皮迅速硬化,影响传热,所以面包不能长时间烘烤,否则外皮就会焦煳。这样,就限制了在面包坯中加入各种馅料,以至加工不出多种花色。17 世纪前,瓷器还未在欧洲普及,绝大多数欧洲人吃饭时没有盛菜用的盘子,只能把面包切成片状,把菜放到上面来吃。所以,欧洲人的饮食很单调。另外,在高温下面包坯中的维生素大量损失,使淀粉产生丙烯酰胺等有害成分。而蒸汽的温度在常压下是 100℃左右,是一种既有温度又有湿度的温和介质,可以长时间加热多种包馅的馒头坯,制作出各式各样的馒头。同时,蒸制面食的营养成分损失少,安全性也高。从营养角度来看,馒头不但不比面包差,而且是最符合人体健康需求的理想主食。只要我们利用现代技术手段,对馒头的生产和经营进行标准化改造,以适应人们现代生活方式的需要,一定可以重建馒头的辉煌,使其焕发应有的光彩。

树立馒头文化的自信,我们一定要有文化的自觉。社会学家费孝通先生对文化自觉有一个很好的表述:"各美其美,美人之美,美美与共,天下大同。"大意是,每一个文明群体都要赞赏自己文化的优势,同时赞赏其他文化的优势。各个文明的优秀文化相结合,世界就圆满了。用这个原则指导我们对馒头文化的挖掘、探究、认知和诠释,便可重建我们对馒头文化的自信。

老子曰:"至治之极,民各甘其食,美其服,安其居。"中国人在世代生活的土地上创造了自己的饮食和文化。馒头是中国人的主食,包括馒头文化在内的中国文化是中国人的精神食粮。这是自然的选择,是历史的选择,也是我们自己的选择。

最后强调一下:西方人把馒头翻译成"steamed bread"(蒸汽面包),这种译法是西方语境下的面包本位思维。对于东方文化背景下的馒头,是不公平的,也是不准确的。我赞成直接用汉语拼音"mantou"来音译"馒头"这个汉语词汇。

参考文献：

1. 俞为洁.中国食料史[M].上海：上海古籍出版社,2011.

2. 严文明.农业起源与中华文明[J].光明日报,2009-01-08(10、11).

3. 于学军.谈食品蒸制技术的先进性及历史地位和蒸制面类主食品的优越性及现实定位[J].河南工业大学学报（社会科学版），2009,5(4):8－11.

（本文发表于《河南工业贸易职业学院学报》2014 年第 1 期）

试谈馒头文化的内涵与特点

摘　要：馒头文化的内涵是：顺乎自然、应势而为；兼收并蓄、和而不同；固本培元、吐故纳新。馒头文化的特点是：广泛的吸纳性、宽厚的包容性和强大的同化力。

关键词：馒头文化，内涵，特点

饮食、服饰、语言、文字、音乐、舞蹈等，与人们的生存、交流、情感抒发等活动相伴而生，并逐渐发展成为绚丽多彩的文化现象。文化是人们生活行为的外在概括和内在提炼。文化来源于生活，又反过来引导生活。

饮食是人类生存的第一需求，围绕人们饮食活动形成的饮食文化博大精深。其中，主食文化对人们生活的影响尤为悠远和深刻。

主食是指供应人们一日三餐消费、满足人体基本能量和营养摄入需求的主要食品。在饮食结构中，主食处于基础性、框架性地位。是否是主食，可以从3个方面判断：一定区域内的食用人数,一定时间内的食用频度,在总食物中占有的数量比和供能比。中国人在主食的生产和消费实践中,逐渐形成了自己的主食文化。其中,最具代表性的是馒头文化。

馒头文化是以蒸制面食为主食的人们,围绕馒头的生产消费活动形成的世界观、生产方式、生活习俗、社会关系等的总括。

一、馒头概说

馒头又叫蒸馍,是一种通过汽蒸而熟的发酵面制食品。广义的馒头还包括包子、卷子、角子、饼子等一大类蒸制面食品。

馒头的称谓因其制作方法的不同有所不同。清朝薛宝辰在《素食说略》中总结道:"其蒸食之法有七。以发面蒸之,曰蒸馍,俗呼馒头;以油润面糁以姜米、椒盐作盘旋之形,曰油榻;以发面实蔬菜其中蒸之,曰包子,古称饆饠,亦呼馒头;以生面捻饼,置豆粉上,以碗推其边使薄,实以发菜、蔬笋,撮合蒸之,曰捎美;生面,以滚水烫之,扞圆片,一二寸大,实以蔬菜折合蒸之,曰烫面饺;以发面扞薄,涂以油,反复折叠,以手匀按,愈按愈薄,约四五寸大,蒸熟,切去四边，拆开卷菜食之，曰薄饼；以烫面薄糁以姜、盐，涂以香油，卷而蒸之，曰烫面卷。"

馒头的叫法最早出现在三国时期。明代郎瑛在《七修类稿·事物类·馒头青白团》中记有："蛮地以人头祭神，诸葛之征孟获，命以面包肉为人头以祭，谓之蛮头。今讹而为馒头也。"

馒头最早的名称叫蒸饼，时置汉代，是为了区别于当时西域传来的烤制而成的烤饼。到宋仁宗赵祯时，因"祯"与"蒸"同音，故把"蒸饼"改称"炊饼"。宋人程大昌著《演繁露》记载："本朝读蒸为炊，以蒸字近仁宗御讳故也。"《水浒传》中，武大郎卖的炊饼就是蒸饼。

北宋时，小麦完成在中国的传播，馒头完全替代了小米饭，成为中国北方人的主食。从此，无论达官贵人，还是平民百姓，一日三餐，均以馒头饱腹。当然，同样是吃馒头，平民吃得简单，富人吃得讲究。

南宋诗人杨万里的诗《食蒸饼作》云："何家笼饼须十字，萧家炊饼须四破。"这描绘的是何家的笼饼必须蒸开花，萧家的炊饼必须蒸裂成四块。只有这样，手艺才到位，火候才正好，吃起来才最可口。诗中的"笼饼"是馒头的又一别称，因蒸馒头要用蒸笼而得名。后来，人们又称用蒸笼蒸出的食物为"笼造"，用烤炉烤出的食物为"炉造"。

几千年过去了，馒头在中国，从出现到盛行，不断完善，不断发展。目前,小麦已经成为中国第二大粮食作物。近几年,中国面粉的年产量达到 1.2 亿吨左右,其中,有 30%左右用于各类馒头的生产加工。据统计,2012 年,全国的馒头生产能力达到日产 1100 余万个。这个数字不包括目前占大头的千万个家庭自做自用的量。随着城市化进程的加快,主食的工业化程度会越来越高。有专家测算,未来中国馒头的产业规模可以达到 3000 亿元。

馒头是中国独特的自然条件与人文环境孕育出的食物瑰宝,它的发明体现了中国人的智慧和创造力,在它的身上积淀着深厚的中国文化的优秀基因。

二、馒头文化的内涵

馒头文化的内涵是:顺乎自然、应势而为,兼收并蓄、和而不同,固本培元、吐故纳新。馒头文化的核心与中国文化中的道法自然、中庸守己、厚德载物等精髓一脉相传。

(一) 顺乎自然,育粟为粮

大约在 1 万年前,奠定人类文明的农业出现了。人们从寻找挖掘野生植物块茎、摘取野生植物果实来充饥,转变为按季节种植一些生长周期短、产量相对高的粮食作物来维持生存。

我们居住在黄河流域的祖先从"狗尾巴草"的子实中选育出了粟作为自己的主要食物。《逸周书》中"天雨粟,神农耕而种之"描述的就是粟的来历。粟是禾本科狗尾草属一年生草本植物,也称谷子,去掉稃壳后称为小米。

百谷之中,为什么选择了粟呢?这主要与气候和土质有关。因为我国黄河流域降水少,气温低,土壤瘠薄,所以人们就选择了抗旱耐瘠的粟为主粮。后来人们发现,带稃壳的粟久贮不坏,可以用来备荒,而且小米颗粒小,糊化快,煮成粥或蒸成饭有一定的黏性,口感软糯,易于消化。人们还发现,小米的营养价值比其他谷物都高。这更加巩固了粟在当时的主食作物地位。

随着种植技术的发展,粟的产量不断提高。汉代时,几种粮食作物的种子与产量比为:粟 66∶1000、小麦 100∶1000、稻 266∶1000。可以看出,种粟的产出率要高于其他谷物。

粟作为中国人的主食,与许多中国文化的起源息息相关。粒食的煮与蒸得益于陶器的发明,反过来又推动了中国陶器文明的繁荣。粟的吃法是"粒食",即整粒蒸煮着吃。由于早期的脱壳工具简陋,脱壳不干净,粟饭粗散干涩,令人难以下咽。史料就有周公"一饭三哺"(吃一顿饭要吐三次)的记载。为此,人们发明了羹,用以把饭送下。羹是一种肉汤,可以起到润滑的作用。粒食与羹伴食的现象,推动了菜的出现和主食与副食的分家,使中国炒菜成为世界一绝。粒食还催生了独树一帜的东方筷箸文化。

有学者认为,中国的度量衡体系来源于黍米(一种良种粟)。《汉书·律历志》指出,长度的最小单位来自粟粒的直径。粟还是中国数字"万本位"的由来,"万"源于一个谷穗中谷子的数量。一个谷穗由一百个小穗组成,一个小穗有一百粒左右的谷子,一个谷穗就有一万粒谷子。西方的数字是"千本位",没有万的概念。中国的 万在西方是"十千"。

在中国古代,粟的数量还代表着官员级别的大小。比如在汉朝,"两千石"是知府的别称,即知府的年俸禄是两千石粟。

粟与中国人的关系如此密切,人们甚至称中国的夏代和商代文明属于"粟文化"。所以,饮食文化学者高成鸢曾说:"世界上最庞大的民族靠最细小的粮食来养活,这是多么奇特的命运。"

(二) 应势而为,麦代粟食

距今 5000 年左右,小麦从西亚传入,逐步把中国"南稻北粟"的饮食格局改变为"南稻北麦"。

小麦在中国推广过程中,最具革命意义的一步是春秋时期播种时间的转变。此前,小麦的播种和粟、黍等一样,是春种秋收,即所谓的"旋麦"。由于旋麦产量小,粒食的口感不好,一直处于主粮的附属地位。但在实践中人们发现,小麦的抗寒能力强,却不耐旱。中国北方的春天,温度低、雨水少,春播不利于小麦的发芽和生长。而秋季降水相对集中,土壤的墒情较好,比较适合种植小麦。同时,小麦秋种春收也解决了粟等作物由于春种秋收所造成的夏季青黄不接的问题。所以,头年秋季播种,次年夏季收获的冬麦(宿麦)的出现是麦作适应中国自然条件所发生的最大的改变,也是此后小麦得到大量推广的重要原因。

战国时期出现的磨粉工具,使小麦的食用方式由粒食逐步转变为粉食,这是小麦得以推广的又一个关键因素。

西汉后,包括小麦在内的北方旱地农业技术体系的形成,为小麦种植的大发展奠定了坚实的技术基础。

唐中后期,实行的两税法将小麦作为征收对象,小麦上升到与粟同等重要的地位。这为小麦的进一步推广提供了政策支持。

另外,冬麦成熟的夏季风雨较多,严重影响着小麦的收成。人们为了避开随时而来的风雨,收麦都是抢着收,所以民间有"收麦如救火"的说法。宋代,中国农耕文明达到顶峰。收割技术和工具的不断改进,提高了收麦的速度,为小麦的普及提供了有力支撑。至此,小麦的产量大幅提高,加之粉食的推广,小麦的优势已经超过小米,在中国北方的主食地位基本确立。

　　小麦在中国经历了漫长的过程后,成为最成功的一种外来作物。小麦改变了中国北方人的饮食结构,也影响了中国人的饮食习惯。小麦得以在中国成功推广的最主要的原因是中国人"应势而为"的理念。

(三)兼收并蓄,溲面为饼

　　小麦传入中国之前,北方粟米和南方稻米的食用方法相同,都是整粒蒸煮成饭或粥,即"粒食"。一般认为,西方的小麦和"粉食"是同步的。但小麦传入中国后是个例外,中国人采用了食用谷子、稻子的方法来食用小麦,即将整粒小麦蒸煮成麦饭和麦粥。当然,也会或磨或舂,将小麦加工成粗糙的麦屑,再蒸煮成熟,即颜师古注《急就篇》中所谓"磨麦合皮而炊之",但这仍然不是"粉食"。

　　麦饭和麦粥的口感不如米饭和米粥,南、北方人都难以接受。中国人真正接受小麦,是在小麦被加工成面粉之后,即"粉食"出现后。面粉做成的烤饼受到中国人的喜爱,烤饼因由西域胡人传入,又称胡饼。《太平御览·卷八六〇》引《续汉书》曰:"灵帝好胡饼,京师皆食胡饼。"当时,面粉少,平民百姓还吃不到胡饼。

　　到了唐代,面食已经大众化了。白居易《寄胡饼与杨万州》云:"胡麻饼样学京都,面脆油香新出炉。寄与饥馋杨大

041

使,尝看得似辅兴无。"日本僧人圆仁的《入唐求法巡礼行记》(卷三)记有:"开成六年,正月……六日,立春节。赐胡饼、寺粥。时行胡饼,俗家皆然。"此时,中国北方人完全接受了面食。

(四)和而不同,薄烤厚蒸

尽管胡饼好吃,而且出现在蒸饼之前,但中国人选择了蒸饼为主食,烤饼为从食。究其原因,一是中国人固有的蒸制食物的习惯使然;二是蒸饼由汽蒸而熟,口感暄软,多食也不会上火,特别符合东方人的体质。《本草纲目》记有:蒸饼味甘、性平、无毒,具有消食、养脾胃、温中化滞、益气和血、止虚汗、利三焦、通水道的功能。现代科学也证明,烤制的面制品会产生有害成分,维生素损失多,不利于人体健康。这种薄烤厚蒸的选择,也体现了中国人"和而不同"的处世态度。

(五)固本培元,稻麦共生

淮河以南湿润多雨,不适合小麦的生长。小麦在中国南方的种植比较晚,始于西晋时期,与中国历史上第一次北方人口的南迁高潮同步。唐宋时期,第二次和第三次北方人口南迁高潮,进一步促使了小麦的南扩。特别是宋廷南迁之后,小麦在南方的种植达到高潮。范成大诗云:"二麦俱秋斗百钱,田家唤作小丰年;饼炉饭甑无饥色,接到西风熟稻天。"可以看出,尽管小麦没有替代稻谷的主食地位,但也成为人们补充稻谷不足的主要食物。

当然,由于北方气候恶劣,粮食作物经常歉收,南方的稻米也往往是北方人的救急用粮。我国历史上曾多次通过漕运进行的"南粮北运",就是为了缓解北方粮食不足的困境。

中国人从"南稻北粟"到"南人饭米,北人饭面",其饮食格局一直呈现出既相对独立又互为补充的双子星态势。这是中国的地理环境使然,更是中国劳动人民的智慧所在,也是中华文明绵延不绝的基础。

(六)吐故纳新,百花争艳

中国人食用面粉,选择了蒸饼但不限于蒸饼,还发明了汤饼(面条)、牢丸(饺子)等,极大地丰富了面粉的食用方式。

我国面食制作的方法有饼法、粽法、煮熝法、釉酪法、飧饭法、饧饖法等。面点肴馔的品种有粽、熝膏环、截饼、馒头、馎饦、鸡鸭子饼等。按原料分,除了麦类制品,还有米类、杂粮类和其他制品;按熟制方法分,有蒸、煮、煎、烙、炸、烤以及综合熟制方法的制品;按形态分,有饭、粥、糕、饼、团、粉、条、块、卷、包、饺以及羹、冻等;按面团类型分,有水调面团、膨松面团、油酥面团、米粉面团和其他面团等。

到清代,面食制作技术发展到鼎盛时期,出现了以面食为主的筵席。传说清朝嘉庆年间,"光禄寺"做了一桌面点筵席,用面量达120多斤,足见其花色品种的丰富多彩。

在我国山西,各类面食达400多种。其中,花馍更是这众多面食中的一枝奇葩。比如晋南地区的闻喜花馍,还形成了节日花馍、婚嫁花馍、寿诞花馍、丧葬花馍、上梁花馍、乔迁花馍等完整的花馍体系。

花馍的原料以白面为主,还配以豆子、枣、花生、核桃等辅料。制作工具是家常所用的剪刀、梳子、菜刀等。制作手法有切、揉、捏、揪、挑、压、搓、拨、按等。造型有人物形象、飞禽走兽和花卉果实等。成品栩栩如生,令人叹为观止。花馍除了观赏性,还富有含义。男女青年结婚时,新郎家要给新娘家蒸"上头糕"花馍。新娘出门时,妈妈要将"上头糕"的根部裁下来,让一对新人带走,寓意女儿在婆家扎根。给老人蒸的寿糕花馍,一周有九只造型优美的狮子簇拥着一朵怒放的菊花,寓意"九世共居"。

花馍文化是我国绚丽多彩的面食文化的一个典型代表,它紧扣百姓生活主题,彰显民俗文化特色,是中国人勤劳和智慧的结晶,也充分体现出馒头文化所具有的"吐故纳新、百花竞放"的内涵。

三、馒头文化的特点

馒头文化根植于中国大地,是中国文化在饮食生活方面的具体表现,具有广泛的吸纳性、宽厚的包容性和强大的同化力。

(一) 广泛吸纳,收而有序

馒头文化广泛的吸纳性是中国人"道法自然"世界观的现实反映,表现是"顺乎自然、应势而为"。中国人主食演进的过程,纵向看是小麦替代了北方的小米,主要原因是小麦的产量超过了谷子,能够满足人口不断增加的需要。但因为小麦不适应南方的气候,不像稻谷那样可以多季种,产量没有稻谷高,所以,未能替代南方的大米。这个事实说明,中国人接纳小麦,是按照自然规律办事,是有选择的,不是盲目的,是"应势而为、收而有序"的。

(二) 宽厚包容,受而有度

馒头文化宽厚的包容性是中国人"中庸守己"人生观的现实反映,表现是"兼收并蓄、和而不同"。中国人主食演进的过程,横向看是粉食替代了北方的粒食,主要原因是经过本土化的改造和创新,粉食的口感优于小米食物,花样也远远多于小米食物。值得强调的是,中国北方接受了粉食,但没有照搬照抄它的食用方法,而是在烤饼的基础上,发明了蒸饼(馒头),保留了自身蒸的饮食传统,遵循着"和而不同、受而有度"的生活态度。

(三) 强力同化,守而有衡

馒头文化强大的同化力是中国人"厚德载物"价值观的现实反映,表现是"固本培元、吐故纳新"。中国人主食演进的过程,全面看是坚守了食物的蒸法。无论南方北方,无论大米小米,无论谷子麦子,无论粒食粉食,都是如此。这种坚守,是源于蒸制食物更适合人体健康的基本事实,也是源于"固本培元、守而有衡"的文化自信。

当然,馒头文化所提倡的同化并不是独大化和单一化,而是在"吐故纳新"基础上的多元化。经过不断的探索,中国人用面粉蒸出了多种多样的面食,甚至远远超过了面食发源地西方烤出来的面食品种。

文化研究的目的,是使人们通过文化的自觉,达到文化的自信,进而达到生活的自在。今天,生活在工业文明时代的我们,可能困惑于转基因、非法添加、农药残留、过度加工等食品安全问题。在我们用现代科学寻找答案的同时,发源于农耕文明的馒头文化或许会给我们带来诸多启示。

参考文献:

1. 许先.中国人的粒食之路[J].食品与健康,2007(4):4-6.

2. 曾雄生.论小麦在古代中国之扩张[J].中国饮食文化,2005(1):99-133.

3. 于学军.细嚼烧饼[M].郑州:河南大学出版社,2007.

(本文发表于《河南工业贸易职业学院学报》2014 年第 2 期)

建立馒头博物馆的构想

　　摘　要：馒头作为最具标志性、典型性、权威性的蒸制面食符号，支撑着、印证着、张扬着中国北方的主食文明。建立馒头博物馆，是宣示中国饮食和中国文化的一个生动载体。

　　关键词：博物馆，馒头，蒸制面食，饮食文化

一、建立馒头博物馆的目的和意义

　　中国古人凭借对水与火的深刻见解，发明了充满智慧的用蒸汽制熟食物的技术——蒸，并把它的应用从"粒食"引申到"粉食"，创造出馒头。馒头是蒸制面类食品的代表，在世界食品大家族中独树一帜。作为中国北方人的主食，馒头的生产量和消费量非常巨大。但是，长期以来我们对馒头的认知却处于一种"熟视无睹"或"知其然不知其所以

然"的状态,既没有把馒头的生产作为一门科学去系统研究,也没有把馒头的消费作为一种文化现象去挖掘和整理。而且,馒头和馒头文化在走向世界方面,远远不如西方面包的东进。

一个民族的存续和壮大,表现在其语言、文字、饮食、服饰等文化符号的完善和扩展。原国家图书馆馆长、国学大师任继愈先生曾说:"现在我们国家所处的地位和时代,需要我们把好的东西或是精华介绍出去。现在,在咱们这个世界看报纸,发现有一种压抑感,大国主义铺天盖地而来,它们的标准代替了世界的标准。我们一再提倡,要多极化、多极主义,一时得不到广泛的认同,这就需要大力弘扬我们自己,要理直气壮地宣传我们的优点,宣传我们的长处。"

世界上有许多食品类博物馆,诸如面包博物馆、面条博物馆、比萨饼博物馆、汉堡包博物馆等,但唯独没有馒头博物馆。建立馒头博物馆,开展蒸制面食品的挖掘整理、宣传展示、研究开发和发扬光大工作,有助于确立蒸制面类主食品的历史地位和现实定位,有助于增强馒头在世界主食品中的影响力,有助于扩大我国传统食品在世界食品领域的话语权,有助于推进我国本土农业和民族食品工业的发展,有助于推动馒头等蒸制面类食品走向世界,有助于推广健康的饮食理念,有助于重树国人的文化自信,达到传承文明、文化化人的目的。

二、建立馒头博物馆的指导思想

建立馒头博物馆,是为了解读历史、服务现实、畅想未来,应该遵循真实生动、科学严谨、自信自警和包容借鉴的指导思想。

一是把馒头博物馆办成宣传展示馒头食品的文化载体。收集、挖掘、整理涉及有关馒头生产和消费诸方面的资料与实物,用丰富多彩的形式展现给观众,深刻阐释有关馒头消费的民俗礼仪、社会功能等馒头文化内涵,生动解读馒头文化发展的灿烂历程。

二是把馒头博物馆办成研究开发馒头食品的学术中心。以严谨的态度,用科学的方法,深入研究蒸制面食品的营养价值、生产原理、质量控制等,积极开发馒头新品种,服务广大消费者。

三是把馒头博物馆办成弘扬中国优秀传统文化的教育基地。以馒头为载体,展示我国饮食文化的优势和辉煌,树立国人的民族自信心,助力中国梦的实现。

四是把馒头博物馆办成世界主食文化交流的平台。用包容开放的心态,介绍世界各民族的主食结构和饮食风尚,学习和借鉴其饮食文化的精华。

三、建立馒头博物馆的基本构想

建立馒头博物馆的基本原则是,树立"大馒头""大农业""大食品""大文化"的理念,不是拘泥于馒头来讲馒头,而是在古今中外农业发展、食品发展、文化发展的背景中讲馒头、讲馒头文化、讲中国文化。

建立馒头博物馆的总体思路是,以时间为轴线,在纵向展现世界面食演进的历史中,探索馒头食品的渊源;以空间为坐标,在横向比较世界面食特点的基础上,揭示馒头文化的内涵。

建立馒头博物馆的具体构想是,博物馆按三大部分来建构。一是展览区,二是互动体验区,三是学术中心。

展览区主要展示馒头的产品种类及其生产原料、加工工具、消费习俗、发展历史、文化背景等方面的文物、文献资料和模型等,也展出各种有关馒头的票证、海报、招牌、绘画、摄影、工艺品等。利用实物、文字、图片、幻灯片、多媒体等多种形式,让人们领略全国各地不同造型、不同风味的馒头食品,并感受多姿多彩的馒头文化。

展览区还要安排一定展位,介绍面包、面条、饺子、比萨饼、汉堡包等其他面制主食品,让观众了解世界上主要面制主食品的知识。通过对比,进一步认识馒头和馒头文化的特点。

互动体验区设有实际操作间和咨询服务处,让观众在亲自动手制作馒头的过程中加深对馒头的了解,并向观众介绍有关馒头的品质、营养和选购等方面的知识。

学术中心主要开展有关馒头的文化交流、新技术新产品研发和推广、科学普及等工作。

四、建立馒头博物馆的一些设想

第一,馒头博物馆的选址以河南省为佳。河南是中华文明的发源地,世界上农耕文明最发达的宋代就建都在东京汴梁(今河南开封),当时东京的蒸制面食已达 50 余种。目前,河南的小麦产量居全国第一,占全国总产量的 1/4 还多。河南的面粉和挂面、方便面、速冻饺子、馒头等面食制品产量均居全国前茅。2013 年,河南省纳入统计范围的粮油加工企业达 1239 家,共实现工业总产值 1790.4 亿元。河南省正在大力推进纳入国家战略的"粮食生产核心区"建设,还在全国率先开展了"主食产业化工程",并积极实施着把河南这个"国人粮仓"打造成"国人餐桌"和"世界厨房"的发展战略。

河南选址以新郑市为佳。新郑是中华文明始祖黄帝的故里，黄帝在此开辟了"烹谷为粥、蒸谷为饭"的蒸食时代，这是人类饮食史上的一个里程碑。

　　新郑选址以河南工业贸易职业学院为佳。首先，河南工业贸易职业学院前身是河南省粮食学校，1950 年建校，特色专业是粮油储藏、检验和加工。在面食生产和质量控制以及面食文化方面，均有深入的研究。其次，河南工业贸易职业学院所处的位置是在新郑市龙湖镇的"沙窝李新石器时代遗址"旁边。沙窝李遗址属裴李岗文化，距裴李岗遗址仅 20 多千米。裴李岗文化是距今 8000 年左右的新石器时期中期文化，是人类文明初露曙光之际。当时，遗址地区居住着少典（黄帝的父亲）氏族。他们已经开始用石斧、石铲进行原始农业生产，种植粟类作物，并用石磨盘、石磨棒加工粟粮。他们还建有陶窑，烧制瓮、盆、甑、碗等陶器。黄帝"烹谷为粥，蒸谷为饭"，就是这一时期的创举。裴李岗文化是目前中国已知的最早期的陶器文明，是中原最古老的文明，也是中华民族文明的起步。

　　综上所述，馒头博物馆开办在河南工业贸易职业学院，是比较理想的，具备应有的历史渊源、科研基础、学术氛围和人文环境。

　　第二，馒头博物馆在开展日常展览的同时，还可以定期举办馒头文化节和不定期开办科普讲座等。邀请农业和粮食生产部门、粮油食品加工企业、民俗团体、文化学者、企业家、政府官员和市民等,进行小麦种植与加工的技术交流、粮食安全与健康饮食的研讨、专题讲座与政策解读、民俗文化表演与面食制作趣味比赛等不同层次、不同形式的活动,助力中国文化的传播和经济社会的发展。

第三,顺应时代发展,在开办实体馒头博物馆的同时,还应在互联网上注册开办虚拟数字馒头博物馆。借助于网络优势扩大博物馆的影响,使全世界的人们足不出户即可领略馒头文化的博大精深。

目前,笔者已经在新浪网上注册了一个"中华馒头博物馆"的博客,并在"馆"里开辟了 12 个虚拟展室,展出了馒头话题、学术探讨、风俗礼仪、制作技法、技术创新、政策法规、地方特色、文化交流、他山之石、面食之秀、多彩主食、各地蒸食 12 个专题,共收集、展示了近千篇有关馒头文化的文章和图片,受到广大网友的欢迎和赞赏。

食物是深藏在人们心中的"故乡的密码",无论你离开故乡有多长时间,无论你身在何方,养育你长大的故乡的食物这个"密码"会时刻提醒你,让你永远有方向感而不会迷失。建立馒头博物馆,就是让我们记住故乡在哪里,知道我是谁、我从哪里来、我到哪里去。

（本文发表于《河南工业贸易职业学院学报》2014 年第 3 期）

谈主食自信的内涵与意义

摘　要：主食自信是指一个群体对一日三餐所食用的主要食物的生理认同、心理认同、农业生态认同、生产方式认同和社会习俗认同等。主食自信是固土安邦的基础，是主食发展和创新的前提。

关键词：主食，自信

一、主食的出现是人类饮食史上的一个新纪元

人类的饮食史，从饮血茹毛到调和鼎鼐，是一个从自发到自觉再到自信的演进过程。

最初，人类是通过采摘和狩猎来获得食物的。由于季节变化、自然灾害以及动物的凶猛，人们能够得到的食物十分有限。这个时期，人类是饥不择食，找到什么食物就吃什

么食物,整个觅食过程是一种本能的自发行为,没有主食和副食的概念。原始农业出现后,农作物的收成相对稳定,人们便选择了稻、粟、麦、玉米等谷物为主要的食物来源,初步解决了果腹问题。主食的出现,体现了人类在饮食活动中的自觉。

关于主食的地位和作用,中国人最早最完整的表述是《黄帝内经·藏气法时论》中的:"五谷为养,五果为助,五畜为益,五菜为充,气味合而服之,以补精益气。"这句话回答了我们吃什么、怎么吃的问题,表现出了中国人对食物的深刻理解和对自己所选择的主食的充分自信。

关于主食的定义,我国《粮食加工业发展规划(2011—2020年)》的表述是:主食品指供应居民一日三餐消费、满足人体基本能量和营养摄入需求的主要食品。我国传统主食品包括面制主食品和米制主食品,如馒头、面条、饺子、油条、包子、米饭、方便米饭、方便米粉等。主食的判定标准是:(1)满足人体基本能量和营养需求的食品;(2)在较大区域内,每日必须食用的食品;(3)对主食粮食作物转化量大的食品;(4)食用人口比重大的食品。同时符合上述四条标准的食品,方可称之为主食。

二、不同人群的主食是人们长期选择的结果

不同人群的主食,是人们根据栖息地的地理位置、气候环境、植物生理特性、群体休质、社会背景等诸多因素,经过长期的选择确定下来的,并为本群体所喜食乐好。

中国南方人的主食是米饭,北方人则以馒头、面饼和面条为主食。馒头是中国独有的主食,分为主食馒头和花色馒头两大类。主食馒头有硬面馒头、软面馒头等品种,花色馒头包括包子、花卷、角子、发糕、糖三角、菜龙等。

东、南亚人的主食以大米为主;日本人、韩国人的主食是白米饭;印度人除了爱吃咖喱米饭,也喜欢吃烙饼。

阿拉伯人多以烤饼为主食。

美洲人以玉米饼为主,但不包括美国、加拿大两个移民国家。美国人喜欢吃快餐,美式快餐是美国饮食的一大特色,有汉堡包、炸鸡、热狗、炸薯条等。

欧洲人以面包为主食,面包是由阿拉伯人的烤饼发展而来的。英国人爱吃白面包,法国人以棍式面包为主。意大利人喜欢吃通心粉、比萨饼等面食,在生产稻米的意大利北部地区,人们也喜欢吃意大利调味饭。调味饭又称烩饭,

不是蒸出来的,是用水浸泡过的生米,先加油炒再加肉汤焖出来的,与我国新疆的手抓饭做法相似。德国人常吃全麦黑面包。俄罗斯和东欧各国的饮食习惯接近,以面包为主。面包的俄语读音是列巴。

这里所说的面包,都是主食面包,生产原料只有面粉、水和酵母,有时添加微量食盐。由于面粉的品种、酵母的菌种、发酵的方式、揉搓整形和烘烤方式的不同,不同地区生产出的主食面包在口感和风味上有一定区别,这也正是不同地区主食面包的标志所在。

顾名思义,主食面包是当作主食来消费的,因为与其他副食品一起食用,所以本身不需要添加过多的辅料。主食面包按形状分,有枕形面包、圆形面包、棍形面包等。

除了主食面包,在面包家族中还有种类繁多的点心面包。点心面包加入的辅料较多,高油高糖,是在主餐以外或喝茶时用作点心来吃的,不能当作主食。点心面包的花色品种包括夹馅面包、表面涂抹面包、油炸面包圈以及丹麦酥油面包等几大类。目前,我国绝大多数面包房加工出售的面包,基本上属于点心面包。

另外,还有调理面包。调理面包是从主食面包派生出来的二次加工产品,即用熟主食面包再加工而成,主要有三明治、汉堡包、热狗等。美式快餐就属于调理面包。

三、主食自信的内涵

主食自信是指一个群体对日常所食用的主要食物的生理认同、心理认同、农业生态认同、生产方式认同和社会习俗认同等,本质上是文化自信在饮食行为上的表现。主食自信应该包含以下几个层次:

安全自信。所选择的主食,数量和质量可以满足本群体的基本生存需要。

营养自信。所选择的主食,营养组成可以满足本群体个体的基本生理代谢平衡。

口感风味自信。所选择的主食,口感风味适合本群体大多数人的饮食爱好和习惯。

加工方式与消费方式自信。所选择的主食,加工方式为本群体所擅长,消费方式为本群体所喜好。

情感自信。所选择的主食,符合本群体的风俗礼仪和文化传统。

四、主食自信的意义

先让我们看一看在现实生活中主食不自信的例子：

有些人在外出时，看到别人吃面包夹香肠，不好意思拿出自己带的馒头夹豆腐乳，而是背着人偷偷地吃，表现出对馒头的不自信。

有些北方的农村人进城后，看到城里人吃米饭，不好意思吃自己喜欢的面条，怕别人说自己老土，表现出对面条的不自信。

有些家长花几十元买汉堡包、比萨饼来奖励考试成绩进步的孩子，表现出对几元钱的包子、馅饼的不自信。

有些食品专家呼吁用酸奶拌膨化谷物来替代我国的传统早餐，表现出对米粥和面汤的不自信。

有些官员在实施我国主食工业化的过程中，一度提倡主食的面包化，并大量引进国外的面包生产线和面包专用面粉，表现出对本国主食的不自信。

分析主食不自信的原因，主要是所处环境的落后造成的文化自卑心理在作怪。从历史发展来看，近代以来，我国经济社会发展水平相对落后，综合国力相对弱小，面对发达的西方国家，一些人自暴自弃，对西方盲目崇拜；从我国区域发展来看,长期以来,农村相对城市、西部相对东部,经济发展慢,生活水平低,一些落后地区的人邯郸学步,不假思索地模仿和追求发达地区的生活方式。

主食不自信的危害是极大的。从小的方面说,它影响了我们的饮食享受;从大的方面讲,它制约了我们本土农业的可持续发展和传统主食生产现代化的进程,甚至威胁着我们族群的个体体质和族群的存亡。这绝不是危言耸听:第一,"一方水土养一方人",违反了这个自然法则,个体的生长发育就会受到限制,族群的整体素质就会下降;第二,一个地区的农业生态是经过非常漫长的养成过程达到平衡的,人为地去改变农作物品种,会发生生态灾难,摧毁本土农业;第三,人们在长期的主食生产消费实践中形成了自己独有的、适合的礼俗和传统,并作为文化基因积淀在族群的血脉中,这种文化基因一旦改变,人们就会因"文化贫血"而晕厥,迷失自己前行的方向。

由此我们可以看出,主食自信是固土安邦的基础。民以食为天,主食自信使人们在一日三餐中既得到生理保障,又得到心理满足,同时起到保持传统、凝聚人心和维护社会稳定的作用。

同时我们还可以看到,主食自信是主食发展和创新的前提。中国是蒸法的发源地,中国人因为对蒸法的自信,所以发明了馒头,它的发明,开创了人类食用面食的新局面。

在此之前，人们食用面食的方法是烤制成饼。日本是稻作农业国家，日本人因为对米饭的自信，所以开发出了电饭煲。电饭煲使所有普通人都可以像合格的家庭主妇一样，做出美味可口的米饭，它的发明可以说是烹饪领域的"放卫星"。美国是个移民国家，具有"博采众长、勇于创新"的文化融合传统。美国人因为对融合文化的自信，所以开创了以汉堡包为代表的快餐文化。

当然，主食自信绝不是盲目自大。从营养平衡的角度出发，我们应该提倡主食的多样性和膳食的科学性，在保持自己主食结构的基础上，积极借鉴其他主食的优点，取长补短。实际上，美国1996年公布的"食物指南金字塔"，就在向东方以谷物为主的膳食结构靠拢。因为美式快餐脂肪高、热量高，被国际营养界称为"垃圾食品"，长期食用，影响身体健康。同样，日本也认识到单一大米主食的营养缺失问题，二战后，在国民中积极提倡面食的摄入。事实上，我国的馒头也是主食优化和创新的典型例证。早期，我国北方人的主食是小米饭。但是，由于谷子的产量低，满足不了日益增长的人口的需求，人们就用高产的小麦替代谷子作为主粮作物，馒头就成了中国北方人的主食。当然，中国历史上的麦作农业替代粟农业，有一个长期的渐进过程，既是一个农业生态改良过程，也是一个文化传承过程。现在，以面食三宝（馒头、面条和饺子）为代表的中国传统蒸煮主食，是世界公认的健康食品。

我们也必须承认,由于我国的工业化进程较晚,因此主食生产和消费的产业化程度较低。改革开放以来,我国经济得到突飞猛进的发展,城市化水平逐年提高,这就更加需要我们实现主食生产的现代化。我们应该借鉴发达国家主食面包和主食米饭生产的先进技术,实现我国主食品生产的工业化,即按照一定的规范和标准,由机械化生产代替手工制作,要求实现产品标准化、操作规范化、生产机械化、工艺科技化、组织制度化。

可喜的是,继河南省率先开展"主食产业化工程"后,农业部也在全国启动了"主食加工业提升行动",以期达到主食生产工业化、主食供应社会化、主食营养多样化、主食消费便利化,让千百年来我国主食以家庭自制和作坊加工为主的格局得到根本改变,让方便快捷、营养美味、安全卫生的传统主食呈现在广大消费者的餐桌,让现代工业与信息技术更加坚定我们的主食自信。

(本文发表于《河南工业贸易职业学院学报》2015 年第 1 期)

063

谈"馒头制作技艺及饮食习俗"
申报非物质文化遗产

摘　要:我国各地的馒头同出一宗、开枝散叶、各具特色、异彩纷呈。"馒头制作技艺及饮食习俗"的深厚传统和多姿多彩的"原生态"具有"突出普遍价值",符合非物质文化遗产标准。我们应该以"馒头大类"为一个整体项目,采取"各地分头准备、资源共享、形成合力、联合申报"的方式开展申遗工作。

关键词:馒头,非物质文化遗产

一、非物质文化遗产的概念和申遗的目的及流程

联合国教科文组织《保护非物质文化遗产公约》(以下简称《公约》)定义:非物质文化遗产指被各社区、群体,有时是个人,视为其文化遗产组成部分的各种社会实践、观念表

述、表现形式、知识、技能以及相关的工具、实物、手工艺品和文化场所。这种非物质文化遗产世代相传,在各社区和群体适应周围环境以及与自然和历史的互动中,被不断地再创造,为这些社区和群体提供认同感和持续感,从而增强对文化多样性和人类创造力的尊重。按照这个定义,非物质文化遗产包括以下方面:(1)口头传统和表现形式,包括作为非物质文化遗产媒介的语言;(2)表演艺术;(3)社会实践、仪式、节庆活动;(4)有关自然界和宇宙的知识和实践;(5)传统手工艺。

对于申报非物质文化遗产,很多人可能有一种误解,认为是为了给申报的项目贴上一个金字招牌,利用这个招牌开发旅游资源,进行商业运作,以达到赢利的目的。事实上,建立非物质文化遗产名录的根本目的是对非物质文化遗产进行保护。《公约》中明确提出:"保护"是指确保非物质文化遗产生命力的各种措施,包括这种遗产各个方面的确认、立档、研究、保存、保护、宣传、弘扬、传承(特别是通过正规和非正规教育)和振兴。当然,我们在"保护"的前提下,在"宣传、弘扬、传承"的同时,可以对非物质文化遗产项目进行适度地展示。

一个项目要列入世界遗产名录,需要经过制定预备名单、编制申遗文本、完善法律法规、提交申报文本等几个步骤。

在我国，申报项目由地方政府或社团提出，国家文物局（负责文化遗产部分）从中遴选出具有潜力的项目，组织专家进行考察，制定预备名单并进行管理。申遗文本要提炼出申报项目的"突出普遍价值"，这是评估世界遗产的重要标准。项目申报组织应与地方政府一起，进行法律法规的完善和遗产保护与发展规划的设计。最后，中国政府将预备名单提交给联合国教科文组织世界遗产委员会进行审核。

二、馒头制作技艺及饮食习俗的形成和发展

馒头是中国独有的主食品，主要原料为面粉、水和酵母，经过和面、发酵、成型后蒸制而成。

战国后期，面粉出现在中国北方。吃惯了"粒食"的中国人沿用做"粒食"的方法来加工"粉食"，即把面粉加水揉制成面坯，蒸制成"蒸饼"来食用。"蒸饼"就是馒头的肇始。馒头的原料是来自西域的小麦，做法上保留了中国的蒸法，所以说馒头是一个东西方文明相结合的全新食物，是世界食物发展史上的一个创举。

到了唐宋时期，小麦完全替代了谷子，馒头成为中国北

方人的主食,其制作技艺达到顶峰,其品种达 50 种之多。

馒头也称蒸馍,简称馍。不加任何辅料的馒头叫实馍,分硬面馍、软面馍两大类;包入不同馅料、制成不同形状的馍叫包子、角子;裹入不同馅料的馍叫卷子、饼子。包子、角子、卷子和饼子中加入的馅料丰富多样,有荤的、素的、甜的、咸的等,所用面皮也不同,有"发面"的、"死面"的、烫面的、油酥面的等。加上装饰、制成各种造型的馍叫花馍。花馍又称面花、礼馍等。在我国北方大部分地区,都流行有做花馍、送花馍和吃花馍的习俗。不同地方的花馍有不同的称谓,陕西华县叫"大谷卷",关中地区的合阳县、大荔县叫"混沌""燕燕馍",甘肃武威市叫"大月饼",山东龙口市叫"太阳饼",河南叫"枣花馍",等等。不同的花馍寓意不同,适用的场合也不同。所以,不同地区的馒头,制作技艺不同,风味口感各异,表现出了不同的地域特点和饮食习俗。

馒头被世界烹饪界和科学史专家公认为蒸制食品的杰作,是中国人在饮食方面文化认同的标识。千百年来,它对中国的饮食和文化发展起到了重要作用,对人类文明也产生了深远影响。中国作为馒头的生产消费区和馒头文化的发源地,完全应该以"馒头制作技艺及饮食习俗"为项目,向联合国教科文组织申报非物质文化遗产名录。

067

三、对非物质文化遗产的几点认识

（一）关于非物质文化遗产的"大众与小众"问题

在人们的印象中,非物质文化遗产项目都是小众的:技艺或内容濒临失传,传承人稀缺,流行区域小或受众少等,比如中国古琴艺术、福建南音、南京云锦等。

的确,在申遗过程中,人们首先要"抢救和挖掘"濒危的、少有人知的"小众"项目。不然,这个项目就可能会消亡,技艺可能会失传。但是,这并不是申遗的常态。申报现有的、大众的、具有"突出普遍价值"的、符合非物质文化遗产标准的项目,以达到"传播和弘扬"的目的,也是不受排斥的,比如安徽宣纸、传统木结构营造技艺、端午节等。

（二）关于非物质文化遗产的"简单与繁杂"问题

在人们的印象中,非物质文化遗产项目都是繁杂的、晦涩的:比如藏戏、蒙古族呼麦、雕版印刷、妈祖信俗等。所以,一些人由此认为,要申遗的项目必须是形式上深奥的、技艺上难学的。其实,这是一种误解,这种想法源于我们对项目不熟悉而产生的"距离感"和"神秘感",并不代表项目本身的特征。

现实生活中,我们"习以为常"的、没有"失传"危险的一些事物,同样具有"突出普遍价值",同样可以成为非物质文化遗产项目,比如书法、篆刻、剪纸、韩国泡菜等。

(三)关于工业化改造后的传统手工艺是否可以申遗的问题

工业化的使命就是改造传统手工艺,解放生产力,提高生产效率。也正是因为被改造了,所以为了记忆、为了传承,我们更应该保留和保护传统手工艺的原貌和全貌。因此,工业化改造后的传统手工艺,以"原有的状态"进行申遗,是符合非物质文化遗产标准的,是可行的,是应该提倡的,比如中国蚕桑丝织技艺等。

四、"馒头制作技艺及饮食习俗"申报非物质文化遗产的设想

"馒头制作技艺及饮食习俗"是大众的,也是不繁杂的,而且部分产品已经实现了工业化。但是,"馒头制作技艺及饮食习俗"的深厚传统和多姿多彩的"原生态"是具有"突出普遍价值"的,是符合非物质文化遗产标准的。

目前,我国已经有"闻喜花馍""开封小笼包子"和"南翔

小笼馒头"项目启动了申遗程序。"闻喜花馍"于 2006 年入选山西省非物质文化遗产名录,2008 年被列为国家级非物质文化遗产;"开封第一楼小笼灌汤包子"于 2007 年入选河南省第一批非物质文化遗产名录;"南翔小笼制作工艺"于 2007 年列为上海市首批非物质文化遗产,2014 年入选国家级非物质文化遗产。

各地分别对自己的传统馒头项目申遗,是一个好的开端,应该积极鼓励和大力支持。但是,考虑到馒头分布广、品种多、制作技艺多样、饮食习俗丰富的特点和技艺上一脉相传、文化上不可分割的实际情况,我们应该以"馒头大类"为一个整体项目,采取"各地分头准备、资源共享、形成合力、联合申报"的方式开展工作。这样,可以更完整、更生动地表现出馒头项目的博大和精彩。就像"丝绸之路"项目一样,由几个国家联合申报并获得批准。

这个设想与已经启动申遗的"闻喜花馍""开封小笼包子"和"南翔小笼馒头"项目并不矛盾。联合申报工作仍然以省市为单位,各地上报自己的特色馒头项目。在国家层面,根据全面性、代表性、典型性等原则,整合上报的项目资源,一并打包申遗。

我国各地的馒头同出一宗、开枝散叶、各具特色、异彩纷呈,比如河南省的沈丘顾家馍、宁陵杠子馍,天津的狗不理包子,广东省的奶黄包,山东省的高庄馒头,山西省的黄馍馍等。这些都是有历史、有故事的传统馒头食品,都是凝结着广大人民聪明智慧的劳动成果,都是应该被记忆和传承的人类共同的文化遗产。

一个国家的文化遗产是这个国家文化身份的标志,揭示着这个国家人文精神和民族气质的渊源。文化申遗不是目的,传承才是根本。漫漫岁月里,馒头作为主食,养育了我们的身体,也塑造了我们的个性。馒头申遗,就是把丰富、厚重的馒头文化发扬光大,代代相袭。

参考文献:

1. 王文章.非物质文化遗产概论[M].北京:文化艺术出版社,2006.

(本文发表于《河南工业贸易职业学院学报》2015 年第 2 期)

馒头话题

略说河南省特色馒头

摘　要:本文梳理和介绍了河南省部分特色馒头的特点和传承。

关键词:河南省,馒头

　　河南省是我国的小麦主产区,绝大多数河南人以面食为主,并称大部分面食为馍。笼蒸的叫蒸馍,鏊子烙的叫烙馍(烙饼),油炸或油煎的叫油馍(油条、油饼)。蒸馍又称馒头,是蒸制面食的总称。馒头分有馅的和无馅的,有馅的又叫包子。

一、无馅馒头

(一) 兰考堌阳馒头

　　兰考堌阳馒头的最大特点是使用甜瓜釉发面。甜瓜釉是选用当地的面甜瓜和面粉掺在一起制成的酵糁。甜瓜糁发面做出的馒头口味香甜、回味纯正,口感筋道。

(二)沈丘顾家馍

沈丘顾家馍的特点是保质期长,久存不酸、不霉、不裂、不散、不变质。放置一年的顾家馍,馏后仍然味如初蒸。

顾家馍经手工揉、搓、捏、掀、挑、上色等一系列工序制成,馍体浑圆工整,面皮光洁如瓷,立而不斜,卧而不堆。馍的底部呈现有阴阳八卦图形,成为其独特的标志。

(三)宁陵杠子馍

宁陵县东街杠子馍加工火候讲究,成品色泽鲜亮,吃起来味道纯正、软硬适口。杠子馍用开水一泡,暄如蛋糕,用汤匙一压即成糊状,酷似牛乳加糖,可代替牛奶喂小孩儿,所以又称"牛奶馍"。

杠子馍也叫"馍样子"。"样子"是供模仿的标准,也就是说,宁陵杠子馍做得非常考究,其他馍都应该照着它的样子来做。

之所以叫杠子馍,有两层含义。一是馍的形状呈长条形,像杠子;二是杠子馍面硬,和面时要用杠子来反复碾压。

（四）鹿邑死面饼

鹿邑死面饼是用死面剂擀成一指厚的长饼子蒸制而成，口感筋道，麦香十足。因为是死面，多食不易消化，所以常与鸡蛋蒜同食。鸡蛋蒜是蒜泥与煮熟的鸡蛋、食盐、香油调拌而成，兼有蒜香和蛋香，佐食死面饼，既帮助生津消化，又可饱口福，可谓最佳搭档。

（五）枣馍

河南各地都有过年蒸年馍的习俗，年馍中最重要的就是枣馍。根据枣馍的不同形状，人们给枣馍起了不同的名字，有枣花、枣山、枣卷、枣包等。

蒸枣馍是老百姓办年货的一个重要程式，气氛相当隆重且神秘，各家的主妇格外小心谨慎，不说闲话。如果蒸笼漏了气，家人都不能大惊小怪，主妇会不声不响地赶紧封严。"漏了""不熟"等都是绝对不能说的词，不吉利。

枣馍的做法很多。在郑州一带，将发酵的面剂擀成圆片，用刀从中间切开，把切开的两个半圆圆边相对，用筷子从中间一夹，一朵四瓣的面花就出来了。在每个花瓣上插上红枣，就成了一个精致的枣花馍。把一个个枣花馍叠放在一个大面饼（底托）上，从下至上次第渐小，便做好了一个枣山。在新乡地区，把和好的发面剂搓成指头粗的长条，两个面条为一组，中间夹上一些枣，卷成古体"万"字的形状，或是"如意"的形状。然后把它们一个个堆起，便垒成了枣山，有"万字不到头""如意"的寓意。豫北林县一带的枣山，下面有底盘，上面是有各种花卉图案的花馍堆积而成，小的直径16.7厘米左右，5斤多重，大的直径达33.3厘米有余，重10余斤。总体来看，豫西的枣山呈装饰型，富丽堂皇，精致细腻。豫东豫北和豫南的枣山呈实用型，工艺简朴，体积庞大。

枣馍除了作为年饭吃，还是重要的祭祖供品和走亲访友的礼品。除夕夜，人们会请出神像和祖宗牌位，把枣馍恭恭敬敬奉上，祈求神灵和先祖保佑家族平安、子孙发达、生活美满。

枣馍还是外祖母给外孙们准备的特殊礼物。农历正月初二，是传统的拜节，凡出嫁的闺女都要带上儿女回娘家探望老人。返回的时候，外祖母要送给外孙子一个枣山馍，送给外孙女一个枣花馍，这叫"抱枣山"或"抱枣花"。一是外祖母希望外孙家快快富裕起来，二是孩子母亲希望孩子抱了娘家的枣馍后，会像枣山、枣花一样健壮、美丽。所以民间有俗语说："外孙要想暄，姥家去搬山。"

传说，袁世凯当上内阁总理大臣后，网罗项城老乡，培植弟子兵。当时，社会上流传有"学会项城话，就把洋刀挎"的说法。一天，三个自称袁世凯老乡的人投奔他。听他们说话，都是项城口音，可问到项城的风俗民情，却支支吾吾答不出来。袁世凯看出这三个人是冒牌货，想出出他们的洋相,就安排他们参加公开考试。考题一发下,三个人都傻了眼,提笔写不出一个字来。一个叫赵国贤的项城人也参加了这次考试,他看到考题竟然是"总理给外公拜年,回来时拿点什么?"乐了,不禁脱口而出:"这有啥难哩,拿个枣山馍就是了。"袁世凯听了大笑:"着哇!我们项城有外孙搬他姥姥家的枣山,日子越过越暄的风俗,你答对了。"他差人把那三个假项城人拉下去痛打了一顿,又看到赵国贤虎背熊腰,便留下他当了自己的贴身保镖。这个故事的真实性无法考证,却道出了项城一带"抱枣山馍"的习俗。

(六)花馍

河南省各地的花馍很多,造型多姿多彩,有动物造型,如鱼、鸟等;有水果造型,如石榴、桃等;有花卉造型,如牡丹、莲蓬等。小的花馍一二两重,大的花馍重达十几斤。花馍的种类不同,用途不同,寓意也不同,有给孩子过生日的,有给老人过寿的,等等。不同的花馍表现出了不同地区的风土人情。

灵宝的花馍又叫"窝窝花""面花""糕花"。糕花分"高花"和"平花"两种。"高花"是把面团捏成各种造型,蒸熟后再勾画着彩,然后用竹签插在一个圆形的大面糕上,形态逼真,五彩缤纷。"平花"不染色,和面糕合为一体,浑厚丰满,朴素大方。男女定亲时,女方把"高花"作为礼品送给男方,表示姑娘心灵手巧;男方把"平花"作为礼品回送给女方,示意小伙子强壮能干。

二、有馅馒头

（一）新安烫面角

新安烫面角创制于民国初年,最早在新安县火车站旁售卖,过往旅客食后赞不绝口,时有"名扬陇海三千里,味压河洛第一家"的美誉。

烫面饺制作的关键在面皮上,选精制面粉,用开水烫面,和成面团,摊开放凉,再反复揉搓,切成小剂,擀成圆坯。包出的面饺内凹外凸,呈新月状,包口处皱迭均匀,宛如花边。上笼清蒸10分钟,成熟的饺子馅软皮紧,晶莹剔透,鲜香不腻,味美可口。

（二）开封凤球包子

凤球包子是开封的传统小吃,由相国寺后街万芳春饭庄创制于20世纪20年代,被《中国烹饪百科全书》收录。

把发酵面团搓成长条,揪成面剂,擀成面皮,放入熟鸡肉、叉烧肉各1块,顺着面皮的边缘捏成18—20个均匀的褶纹,最后将褶纹顶端收拢呈花蕾状。用旺火蒸熟后的包子,外形酷似一个个圆圆的丰满的凤球花,馅心鲜嫩美味,面皮暄软筋香。

(三)开封小笼包子

开封小笼包子历史悠久,早在北宋时期已有售卖,时称灌浆馒头或灌汤包子。最有名的是东京72家正店之一的"王楼"制售的"山洞梅花包子",号称"东京第一"。现在我们吃到的开封小笼包子,是由"山洞梅花包子"经历代厨师逐渐改制而成的,其特点是外形小巧、皮薄馅多、灌汤流油、味道鲜美、清香利口、随吃随蒸,就笼上桌,有"提起一缕丝,放下一薄团,皮像菊花心,馅似玫瑰瓣"和"放下像菊花,提起像灯笼"的美称。

开封小笼包子是用死面剂擀成薄皮,包馅后捏成18—21个酷似菊花瓣的小褶,爆火蒸制而成。吃开封小笼包子要细细品尝,这里有一个要诀:"轻轻提、慢慢移、先开窗(将皮咬开个口儿轻吮)、再喝汤、一口闷、满口香。"

因为制作精细,色、香、味、形俱佳,独具特色,开封小笼包子被评为河南省非物质文化遗产项目。

(四)郑州蔡记蒸饺

蔡记蒸饺创制于20世纪初,特点是皮薄馅饱、色泽微黄、造型美观、灌汤流油,被中国烹饪协会认定为"中华名小吃",被评为河南省非物质文化遗产项目。

蔡记蒸饺制作非常讲究。肉馅剁好后,边搅打边加水,使肉馅打上劲。各种调料严格按比例,缺一不可。蒸饺皮用半死半烫面,反复揉搓使面团筋韧,再擀成薄皮,包馅提捏成柳叶褶,使蒸饺形如弯月。大火蒸熟后,趁热蘸蒜醋汁食用,有"出门百步外,余香留口中"的美味。

(五)西平菜蟒

在西平一带,主妇们常常用死面剂擀成大大薄薄的圆面坯,铺上事先拌好的菜料,卷成长长的面卷,盘在笼里蒸熟。蒸熟的面卷皮薄透亮,透出里面绿绿的菜料,活像一个饱食之后懒懒而卧的蟒蛇,故称菜蟒。

把菜蟒切成小段,趁热吃,口感软、口味好,老少皆宜。菜蟒是饭菜兼备的食物,既吃了饭,又吃了菜;既饱了腹,又省了面,表现了主妇们的智慧和勤俭。

河南省各地的馒头多种多样,形成了河南独有而丰富的馒头文化。这里无法一一列举,但求窥斑见豹吧。

(本文发表于《河南工业贸易职业学院学报》2015年第4期)

080

附　　录

河南省人民政府
关于大力推进主食产业化和粮油深加工的指导意见

豫政〔2012〕33 号

各市、县人民政府,省人民政府各部门:

　　为充分发挥我省粮油资源优势,做大做强做优粮食加工企业,打造粮食产业集群,构建从田间到餐桌全产业链的主食产业化和粮油精深加工发展模式,实现粮食经济跨越发展,现就大力推进全省主食产业化和粮油深加工提出以下意见,请认真贯彻落实。

一、重要意义

　　粮油深加工和主食产业化,是维系城乡、联结三农的桥梁与纽带。加快推进主食产业化,大力发展粮油深加工,是发挥我省资源优势,促进粮食转化增值,提高农业比较效益,推动农业增效、农民增收、农村稳定的有效途径;是夯实农业发展基础,实现粮食生产核心区建设增产目标,确保国家粮食安全的必然要求;不仅直接关系人民生活质量的提升和社会主义和谐社会的建设,而且对扩大内需、保障粮油食品安全、拓宽城乡就业渠道、推进小城镇建设等都具有最为直接的带动作用;对进一步搞活粮食流通、确保民食和应急成品粮供应,对实现中原崛起河南振兴和推动中原经济区建设,持续探索不以牺牲农业和粮食、生态和环境为代价的"三化"(工业化、城镇化、农业现代化)协调科学发展的路子,都具有十分重要的意义。

二、总体要求

(一) 基本思路

以科学发展观为指导,按照发挥资源优势、开发粮油经济、突出精深加工、打造主食产业、做强龙头企业、培育产业集群的基本思路,坚持政策引导、政府推动、企业主导、稳步推进、有序发展的方针,以安全优质、营养方便、高起点、规范化为原则,以满足主食供应、保障食品安全、提高营养水平和扩大有效需求为目的,加快我省以蒸煮面米制品为代表的主食产业化和现代化进程,进而推动粮油精深加工发展,促进粮食种植结构调整和品种结构调整,实现由粮食加工大省到粮食经济强省,由"中国粮仓"到"国人厨房"和"世界餐桌"的根本性转变。

(二) 主要目标

——2015 年全省工厂化主食年加工能力、实际产量和工业总产值达到 1780 万吨、1210 万吨和 1550 亿元,均比 2011 年翻一番左右;2020 年争取在 2015 年基础上再翻一番。

——2015 年全省建设形成年产值不少于 10 亿元的主食产业集群达 20 个左右,2020 年争取达到 50 个以上。

——2015 年主食产业化率,由目前的 15％提高到 30％,2020 年提高到 60％以上。

——2015 年以主食加工为主的粮油加工业总产值争取实现 2200 亿元,2020 年达到 5000 亿元以上。

——2015 年粮油加工转化率,由目前的 72％提高到 80％,2020 年提高到 90％以上。

（三）发展重点

——优先发展主食加工业。在合理规划布局的基础上，优先支持一批日产 30 万个工业化馒头，或 20 万个包子、花卷、油条建设项目；优先支持一批日产 5 万公斤工业化鲜湿面条、挂面、方便面，或 2.5 万公斤烩面、拉面、炸酱面、面包、披萨、饼干、糕点建设项目；优先支持一批日产 5 万公斤速冻水饺、汤圆、粽子、包子等速冻食品建设项目；优先支持一批日产 5 万公斤工业化方便米饭、米线、米粉、米粥、糯米制品等米制熟食品建设项目；优先支持一批年产值在 10 亿元以上的主食产业化集群。

——着力推进粮油深加工和副产品循环利用。重点支持一批适应市场需求、开发特色粮油产品和专用粮油产品、大力推进粮油深加工和副产品循环利用的龙头企业；重点支持高附加值、高科技含量，以及起点高、规模大、功能配套、市场前景好、带动能力强的重大项目；重点支持日处理能力 500 吨以上的预拌粉加工项目，日处理能力 1000 吨以上的油料加工项目。

三、推进措施

（一）做大做强做优主食加工龙头企业

充分发挥市场配置资源的基础性作用,打破行业、地域、所有制界限,通过多渠道招商引资或企业战略性合作与重组,新建形成一批具有较大产能、较高科技含量和适销对路产品的大型主食加工企业;以现有大型骨干专用制粉、碾米和粮油仓储企业为主体,充分挖掘和利用现有土地、厂房、人才、技术和销售网络等资源优势,通过企业强强联合或低成本扩张,技改扩大一批主食加工龙头企业;鼓励现有主食加工优势企业,扩大产能规模,提高产品档次,创立知名品牌,并通过兼并重组等进一步做大做强,尽快打造成为规模大、实力强、技术装备先进、有核心竞争力、行业带动力强的大型企业集团;支持大型主食加工龙头企业向产前和产后延伸,实现从田间到餐桌全产业链的发展模式;支持围绕龙头企业,集聚中小企业为其配套或进行下游产品深加工或物流配送,打造以龙头企业为中心的辐射式产业集群。

（二）大力发展以主食为重点的粮油深加工

以项目建设为支撑，突出主食加工，精心谋划一批、储备一批、推荐一批、招商一批、建设一批粮油精深加工项目，逐步淘汰落后产能，促进产业转型升级。鼓励现有粉厂、米厂积极开展以面粉和大米为原料的精深加工，开发方便食品、休闲食品、保鲜食品等粮油深加工特色产品；加快发展各种杂粮馒头、果蔬馒头、营养强化馒头、功能化馒头，以及营养强化挂面、鲜切面、快餐面、方便面等；积极研发多种规格和口味的速冻馒头、速冻面条、速冻菜肴、速冻炒饭等新产品；大力开发面包、饼干、糕饼类产品，以及小麦麦胚、膳食纤维等高附加值产品；加大对残米、碎米的再加工和综合利用，发展速食米饭、方便米饭、米粥、米粉、米线、糯米制品等产品。推动粮油加工业向餐桌主食和环保、医药、饲料等领域发展，提高产品附加值，提高资源利用率和综合经济效益。

（三）积极推进主食产业集群和粮油加工园区建设

科学规划，搞好布局，加大投入，推动主食产业和粮油深加工业发展。鼓励主食加工企业与主食设备生产企业、粮食购销和物流企业、质检机构等开展联合协作，共同打造以粮食收储、加工、物流配送为一体的主食产业化集群。支

085

持粮油加工企业进一步拉长产业链条,拓宽经营门路,加快推进综合性粮油加工园区建设,并积极创造条件扩区扩容,搞好配套设施和服务平台,推动各类资源要素向园区集聚。积极培育园中园、共建园、特色园等新型园区,努力实现园区项目集中、资源集约、功能集成,提升园区现代化、规模化、集约化水平,将其建设成为粮食产业发展的重要载体。

(四)加快粮食品种结构调整步伐

依照市场需求,积极开发和加工餐桌主食;按照主食馒头、面条和速冻、方便食品的口感、营养、品质需要,确定与之相适应的专用面粉和大米生产;根据粮食加工企业对专用面粉和大米的品质要求,加快粮食品种结构调整步伐,积极研发、培育和种植适销对路的小麦、稻谷、杂粮新品种,彻底改变过去那种"以粮食生产决定加工,以粮食加工决定市场消费"的"供需倒置"状况。加快调整粮食品种结构的同时,支持粉厂、米厂等,适应主食馒头、面条和速冻、方便食品的加工需要,加大企业技术改造力度,调整自身产品结构,为主食加工提供适销对路的优质原料。

(五)搞好优质粮基地建设

鼓励粮食加工企业走"公司+中介+基地+农户"的道路,通过开展定向投入、定向服务、定向收购和订单生产、土地流转、领办农民粮油合作社等方式,建立优质粮源基地。引导农民按照市场需求进行标准化生产,为面粉和大米加工提供稳定可靠的优质粮源。支持粮食加工企业建立种子培育试验基地,开展优质良种培育和对农民进行引导、技术指导等项工作。鼓励主食加工、预拌粉生产企业到优质粮食主产区开展产销衔接,重点在豫北、豫中、豫东等中筋小麦优势区及豫南弱筋小麦种植区,建立12个总面积在330万亩以上的标准化主食专用小麦示范种植基地,在郑州、新乡、开封、信阳、南阳等省辖市有选择地建立3—5个总面积在150万亩以上的标准化主食专用粳稻、中籼稻、糯稻种植基地;在洛阳、南阳、安阳、周口、三门峡等省辖市,有选择地建立5个总面积在25000亩以上的荞麦、燕麦、高粱、谷子、豌豆等小品种杂粮实验种植区。按照全省优质小麦、优质稻谷基地建设和杂粮种植试验区的规划,在全省主推5—6个优良品种,各市县依据当地情况选择2—3个优良品种,集中连片推广种植。大力发展并不断规范完善订单经营,建立企业与农户之间利益共享、风险共担的新机制,使企业和农民结成真正意义上的利益共同体。充分发挥农村专业合作组织、村组干部在联结市场、企业和农户中的桥梁与纽带作用,不断完善和创新农企联结机制和合作机制。

（六）实施名牌、品牌带动战略

引导粮油加工企业由做产品向做品牌转变，以优势骨干企业为主体，通过自主创新、品牌经营、商标注册、专利申请等手段，培育一批拥有自主知识产权、核心技术和较强市场竞争力的知名品牌。按照政府引导、市场运作、企业自愿的原则，推进品牌整合，扩大知名品牌市场占有率，提升企业核心竞争力。充分发挥粮油品牌的扩散效应和产品聚合效应，以优势企业和名牌产品为核心，整合商标资源，优化产业结构，实行统一品牌、统一质量、统一包装、统一经营，打造强势品牌，形成产品系列，提高产品档次，提高商标知名度。充分利用各种媒体和各类会展等，推介品牌，不断提高河南粮油品牌的知名度和美誉度。继续支持和做大做强做优"三全""思念""博大""白象""多福多"等知名企业与品牌，充分发挥其在推进主食产业化发展中的示范带动与引领作用。

（七）推进企业技术创新

鼓励和支持粮油加工企业技术创新，推动企业与高等院校、科研院所合作，开展粮油深加工特别是主食加工关键技术的科研攻关，积极研究和推广营养富集、节能增效、清洁卫生的现代配粉新技术，积极引进推广油料低温冷榨技术、米面食品微生物控制、传统中式主食品现代加工技术等一批重大关键技术，提高产业发展水平。鼓励粮油、主食加工关键技术和科研成果，通过技术转让、入股等方式进入企业，促进科研成果向现实生产力的转化。

（八）建立健全粮油食品监管与安全保障体系

依托粮食行业较为完备的质量检测检验体系，整合全省粮油质检和科研资源，构建高效、统一、协调的粮油食品监管、服务体系。在净化产地环境、保证粮油食品原料质量、严格市场准入、规范生产经营行为和风险监测预警等关键环节，进一步建立完善粮油食品安全法规，着力构建法规完善、风险可控、监管有效的质量安全保障体系。充分发挥粮油科研院所、行业协会的作用，加快我省粮油食品质量、标准和安全体系建设。严格粮油食品质量标准实施，强化粮油食品安全全程控制。加快粮油食品安全风险监测管理系统和信息化网络建设，建立健全粮油食品安全数据库和预警体系，预防和控制粮油食品安全风险。支持企业建立粮油食品质量可追溯体系及其召回退市制度，全面提高粮油食品安全保障水平。

（九）加快现代粮食物流配送体系建设

实施河南粮食仓储物流体系建设工程，加快建成一批跨省粮食物流节点的大型现代粮食物流园区。充分发挥郑州区位交通优势,依托其雄厚的粮油加工业基础,把郑州打造成辐射全国、面向世界的粮油食品交易物流中心城市,成为全国重要的粮油食品加工中心、物流信息中心、交易中心和价格中心。积极推进期货与现货相结合的粮食专业市场和粮油食品批发市场体系建设,在每个省辖市和交通便利的重点产粮大县,重点支持改造1—2个规模较大的成品粮油食品批发市场,保障城市居民粮油食品的稳定供应。

(十)积极开拓粮油主食品的销售渠道

鼓励以大型国有、民营和股份制企业为龙头,组建全省主食品销售企业集团。采取经营企业为主体、主食加工企业投资入股、地方政府贷款贴息或给予适当财政补贴的办法,大力发展以主食品经营为主的城乡便民超市、连锁店,统一进货渠道,统一产品配送,统一价格管理。粮食行业"放心粮油"产品和优质主食加工产品,在强化城乡主食品便民超市、连锁店主渠道营销的同时,要进一步开拓经营,扩大销售。通过发展主食产业化,切实保障军粮、救灾和应急成品粮供应,并将主食销售积极融入部队、学校、厂矿等后勤社会化服务体系建设;要与遍及城镇的"双汇"连锁店、普及乡村的供销社网络和"万村千乡市场工程"商业网点等紧密结合,并形成稳定的合作关系,拓宽粮油产品特别是主食食品的配送销售渠道。

（十一）加快粮食产业招商引资和对外开放步伐

以资本、技术、资源为纽带，通过内引外联，积极寻求战略投资伙伴，引进资金、技术和管理，加快壮大我省粮食产业的规模和实力。完善项目准入机制，以科技含量、环境影响、投资强度、产业效益作为标准，切实提高招商项目的档次和质量。鼓励省内企业和个人通过招商引资，新建主食加工企业，或加速对现有主食加工企业的技术改造，扩大规模，提高质量，推进全省主食产业化发展；鼓励央企及省外有实力的粮食企业集团或个人，通过在我省新建或改扩建等方式做大做强以主食为重点的粮油加工企业，拉长产业链条，打造全产业链的粮食产业化集群。鼓励我省优势主食企业与境内外资本市场对接，积极利用国内、国际两个市场，到省外、境外投资建设生产、加工、原料基地和营销网络。对在全国或国外形成一定知名度和品牌影响、发展速度较快的主食加工企业，给予表彰。

四、政策扶持

(一)加大财政支持力度

从 2012 年至 2020 年,每年省财政安排专项资金,用于引导和重点支持主食产业化发展、主食加工配送中心、粮油精深加工、粮油加工企业科技创新等。支持粮油品牌创建,对符合条件的重点粮油加工及高成长型高新技术企业给予奖励,对获得"中国名牌产品""驰名商标"称号的粮油加工企业,省政府给予通报表彰。

(二)落实税费优惠政策

对从事主食产业化、粮油深加工和物流配送的粮食企业,按《企业所得税法》及其实施条例落实企业所得税优惠政策,对农民粮食专业合作社销售本社成员生产的粮食,免征增值税。在项目建设期间,当地政府要减免相关城市建设配套费用等。鼓励企业加大对主食产业化的研发投入,对新技术、新产品、新工艺等研发费用,按照有关税收法律和政策规定,在计算应纳税所得额时加计扣除。粮油加工企业经认定为高新技术企业的,按照国家有关规定,减按

15％税率征收所得税,企业为开发新技术、新产品、新工艺所发生的研究开发费用,未形成无形资产计入当期损益的,在税法规定据实扣除的基础上,按照研究开发费用的50％加计扣除;形成无形资产的,按照无形资产成本的150％摊销。企业取得符合条件的技术转让所得,1个纳税年度内,不超过500万元的部分,免征企业所得税;超过500万元的部分,减半征收企业所得税。积极争取国家对主食加工企业的减免税收政策。

(三)加大金融信贷支持力度

农业发展银行要加大对粮油加工龙头企业、粮食订单生产基地、粮油加工园区和产业聚集区、粮食仓储基础设施、主食产业化企业设备购置、技术改造、物流配送、网点建设和粮食科技成果转化等贷款的支持力度。积极争取商业银行对主食产业化建设项目直接贷款。筛选一批符合产业政策、产品竞争力强,具有良好发展前景和增长潜力的粮油精深加工和主食产业化企业,进入省重点上市后备资源库,优先培育和支持企业上市。积极探索建立主食产业化融资担保机制,鼓励融资性担保机构积极开展对龙头企业的担保服务。对省级主食产业化龙头企业,金融机构应给予一定的授信额度。推进规模经营的粮食加工企业主体参加政策性农业保险,有条件的地方可对其保费给予一定的财政补助。

（四）提供土地优惠政策

各地要在依法依规用地的基础上，采取多种途径，切实保障粮油加工园区和主食产业化集群的合理建设用地需求。

（五）加大科研创新能力提升的扶持力度

重点围绕传统面制品主食产业化、大宗粮食绿色加工等，在各类科技计划中优先给予支持，力争破解关键共性技术，提升产业整体核心竞争力；支持粮油加工、传统主食生产等相关企业建设省级重点实验室和工程（技术）研究中心，并择优推荐申报国家级重点实验室和工程（技术）研究中心，加强粮油加工特别是主食生产方面的科技创新团队建设，支持相关企业积极申报省科技创新团队和科技创新人才。

五、组织保障

（一）加强领导，健全组织

各级政府要高度重视粮油精深加工和主食产业化发展，把粮油精深加工特别是主食推进工程纳入政府目标管理体系，进行考核和奖惩。对表现突出的单位和个人，予以适当表彰。省政府成立主食产业化工作协调小组,办公室设在省粮食局。协调小组建立工作会商制度,定期研究解决主食产业发展中存在的突出问题,抓好督查落实。各省辖市、县(市、区)政府也要成立相应机构,切实加强对主食产业化发展工作的组织领导。各地、各有关部门要把粮油深加工和主食产业化纳入经济社会整体发展规划,精心部署,积极推进。

(二)统筹谋划,加强协调

省粮食局要担负起牵头责任,搞好规划,科学布局,制定措施,强化落实;要切实加强行业管理,防止一哄而上、低水平建设和重复建设,并在托市收购、小麦竞拍、定向销售和粮食移库、省级储备粮布局等方面,向龙头加工企业倾斜;要进一步搞好调查研究,把粮食安全与产业发展紧密结合,积极试点地方储备和成品粮油在龙头加工企业的商业储备模式;要深入基层,加强调研,掌握工作进度,倾听企业呼声,了解反映或帮助企业协调解决发展过程中遇到的各种困难和问题,确保粮油深加工和主食产业化的快速、健康、持续发展。

(三)密切配合,扎实推进

各级政府和各有关部门要切实加强食品安全监管、服务工作。发展改革部门要加强综合协调,对符合条件的重大项目,优先纳入省重点项目管理;财政部门要整合涉粮、涉农资金,支持主食产业化和粮油深加工;农业部门要加强引导和服务,加大小麦等主粮品种结构的调整力度,为主食产业化发展,加快原料基地建设步伐,并在安排农产品加工项目投资时,优先考虑安排粮油精深加工项目;商务、供销部门要切实加强对主食产品进入城乡商业超市和经营网点的协调支持,制定优惠政策,降低进入门槛,减少流通费用;国土资源部门要积极支持粮油精深加工特别是主食产业化企业退城进郊,优先安排粮油加工建设用地需求,认真落实土地转让中的优惠政策;科技部门要加大对粮油精深加工和主食产业化科技项目的支持力度,特别是在农业科技成果转化专项资金的使用上,优先安排主食产业化发展项目;交通运输部门要大力支持主食产品的运输保通工作,努力推进物流新技术在运输过程中的应用,为主食产业发展提供有力保障;广电部门要加大对粮油精品特别是主食产品的公益性宣传,为企业发展创造良好的舆论环境。国税、地税、电力、工商、质监、卫生和食品安监等部门要密切配合,形成强有力的协作机制,确保主食产业化和粮油深加工的顺利推进。

河南省人民政府
二〇一二年三月十日

2012－2020 年河南省主食产业化发展规划

为贯彻落实《国务院关于印发国家粮食安全中长期规划纲要的通知》(国发〔2008〕24 号)、《国务院关于支持河南省加快建设中原经济区的指导意见》(国发〔2011〕32 号)和《国家发展改革委国家粮食局关于印发粮油行业"十二五"发展规划纲要的通知》(国粮展〔2011〕224 号)精神,根据《河南省人民政府关于大力推进主食产业化和粮油深加工的指导意见》(豫政〔2012〕33 号)要求,特制订本规划。

一、发展现状、面临形势及必要性

主食在食品结构中占据主体位置,具有食用人数多、食用频度高、与当地主要农作物相匹配等特点。主食产业化是按照一定的规范和标准,以现代科学技术研究为基础提升传统食品工艺,用机械化生产代替手工和半手工制作,通过引入现代营销理念,创造一种新型生产方式,进而形成全新的主食产业。

（一）主食产业化发展现状

1.主食加工及消费基本情况

我省传统主食产品包括面制和米制主食产品，如馒头、面条、米饭以及速冻食品等，以蒸煮为主要加工方式。截至2011年，全省共有主食加工企业、生产作坊和供应网点34836家，其中工厂化生产企业314家，年实际加工量为744.3万吨，实现工业总产值640.2亿元。

专栏一:2011年河南省主食加工基本现状主要品种

主要品种	加工企业、生产作坊和网点总数（个）	工厂化生产企业数(个)	年加工能力（万吨）	实际产量（万吨）	工业总产值（亿元）
馒头	16563	77	49.9	42.8	9.73
面条	16893	169	523.3	427.8	259.68
米制主食品	1116	11	27.1	19.7	10.79
速冻食品	264	57	264.45	254	360
合计	34836	314	864.75	744.3	640.2

据调查，我省居民平均每人每天食用馒头3个（60克/个）、面条150克、米饭110克。从超市购买工厂化主食产品的居民占总人数的25%，从市场购买手工作坊主食产品的占31%，家庭制作主食的占44%。城市居民60%从超

市购买主食产品,25％从市场购买,15％家庭制作;县城居民 56％从超市购买主食产品,27％从市场购买,17％家庭制作;农村居民 5％从超市购买主食产品,45％从市场购买,50％家庭制作。

2. 主食产业化程度有所提升

近几年来,我省主食产业化水平逐步提升,涌现出了一批具有一定规模和实力的主食加工企业,打造了"多福多""博大""白象""三金"和"思念"等知名品牌。同时,主食产业科技支撑能力显著提高,主食标准体系建设开始起步。以河南农业大学、河南工业大学、河南省面制食品工程研究中心等为核心的主食研究机构应运而生。由河南农业大学、郑州三全食品股份有限公司等单位起草完成的《速冻汤圆 SB/T10423－2007》标准,2007 年已在全国实施;由河南兴泰科技实业有限公司、河南工业大学等单位起草完成的《小麦粉馒头 GB/T21118－2007》标准,2008 年已在全国实施;全国米面食品标准化技术委员会速冻米面食品分技术委员会秘书处于 2008 年在我省建立;经国家标准化管理委员会批准,2009 年我省组建了全国唯一的馒头标准化组织机构——"全国米面制品标准化技术委员会馒头标准化专业工作组"。

3. 主食产业化发展依然落后

我省主食产业整体发展水平仍较落后。除速冻主食产品外,馒头、面条等主食产品加工仍以小作坊为主体,加工过程多依靠手工,普遍存在经济规模较小、产品覆盖面窄和品牌知名度低等问题。同时,我省主食产品结构也不合理。在面制主食产品加工领域,挂面、方便面、速冻食品等方便食品所占比重大,而符合消费者日常饮食习惯的馒头和鲜湿面条等传统主食产品所占比重较小;在米制主食产品加工领域,我省的大米脱壳等初加工企业所占比重较大,米制方便熟食品、大米蛋白、米糠营养素、米糠酶等精深加工企业所占比重较小。

(二) 发展主食产业化面临的形势

1. 比较优势

(1)技术力量雄厚。在农作物种植技术、粮食仓储物流和加工技术方面,我省拥有河南农业大学、河南工业大学、河南省农科院和国家小麦工程技术研究中心、小麦产业技术创新战略联盟、速冻食品产业技术创新战略联盟等科研院校和机构;在主食产品生产加工技术研究方面,除相关的科研院校外,我省还拥有目前国内唯一进行面制主食产品基础应用研究的"河南省面制食品工程研究中心"。

(2)消费空间巨大。随着城市化进程加快和食品消费升级,主食产品逐步由家庭自制转向社会化生产、商品化供应。据测算,我国城乡米面及相关产品有一万多亿元的市场潜力,为主食产业化发展提供了良好的机遇和条件。

（3）粮食资源丰富。我省小麦产量占全国总产量的1/4强,且以中筋小麦为主,适合加工传统面制主食产品。同时,水稻、玉米、红薯、高粱和大豆等粮食作物品种多样、综合品质优良,为主食产业化发展奠定了坚实的原料基础。

（4）发展要素较完备。我省是全国人口大省,人力资源相对充足且成本较低,主食加工产品所需的原料成本较沿海省份偏低,科研院校和技工学校等培养了大批高级管理人才和熟练技工,拥有郑州商品交易所、河南省粮食交易物流市场、郑州粮食批发市场等粮食期货和现货交易市场,这都为全省主食产业化发展提供了较好的要素支撑。

（5）区位优势明显。主食产品尤其是速冻食品对配送体系的及时性和安全性要求较高,而我省地处中原,是全国重要的综合交通枢纽,已初步建成四通八达的物流通道,在中原经济区内具备食品保质保鲜、冷链运输所需最佳的运输半径。

2. 存在问题

（1）优质专用小麦品种较少。我省用于加工面包、饼干等食品的小麦品种多,而用于传统主食加工的专用小麦品种较少,给传统主食加工企业的品质控制带来困难,影响传统主食加工业的发展。

（2）科技创新不足。一些主食加工企业对科技创新重视不够,不能适应主食产业化的科研需求。多数企业缺少现代化的成套流水线,物耗、能耗偏高,产品科技含量较低。我省虽然相关科研院校和机构较多,但产学研脱节,造成主食加工业整体仍属于粮油产品粗加工和劳动密集型行业。

(3)质量安全保障体系尚不完备。近年来,尽管主食行业的国家标准、行业标准、企业标准不断完备,但标准总量少、制定与使用脱节等问题依然突出。标准体系,质量控制体系,安全风险监测、评估、预警、应急与溯源体系在主食产业中还没有完整构建。

(4)与经济发达省份相比,我省城乡居民的消费安全意识还相对滞后,对工厂化主食产品的接受程度不高,成为影响主食产业化发展的不利因素。

从上述分析看,我省推进主食产业化势在必行,机遇大于挑战,经过努力能实现跨越式发展。

(三)推进主食产业化的必要性

一是带动农产品转化增值,提升粮食安全保障能力。作为面制主食的馒头、面条等是亿万家庭餐桌上的"主角",其每年面粉消耗量占全国面粉流通量的65%以上,其中馒头占30%,面条占35%。据调查,馒头等面制主食加工环节的产值增加幅度是面粉的3—4倍,利润更高。加快主食加工业发展,对粮食的转化增值、农业增效和农民增收、增强粮食安全保障能力都具有重要的带动作用。

二是扩大内需消费,增强粮食经济的规模效益。与副食品相比,主食具有食用人口基数大、原粮消耗量大、市场需求量大等特点。主食加工业在扩大内需、带动就业等方面作用显著。同时,围绕主食加工业可形成原料供应、储藏、装备制造、物流等相关产业。据调查,我省每年调出100亿公斤左右的原粮,经过加工后销售,可增加100万人就业,创造产值740亿元。

三是促进产业升级,确保主食安全。推进主食产业化,要求企业在生产中必须用优质原料、先进技术和精良装备,这对加快推广优质粮食品种,研发粮食加工机械装备,提高粮食生产与流通的科技水平,促进行业升级,提升粮油食品安全保障能力,满足广大消费者对粮油食品的合理需求都将起到积极作用。

二、总体要求

(一) 指导思想

以科学发展观为指导,以"安全、优质、营养、方便"为原则,围绕保障主食供应、确保食品安全、提高营养水平、扩大有效需求的目标,加快以蒸煮类面米制品为代表的主食产业化进程,实现由粮食加工大省到粮食经济强省、由"中国粮仓"到"国人厨房""世界餐桌"的转变,推动不以牺牲农业和粮食、生态和环境为代价的"三化"协调科学发展。

(二) 基本原则

1. 保障食品安全。创新经营模式,建立从原料生产、采购、储运、加工到成品包装、销售等各环节的主食食品安全体系,强化监督检查机制,全面保障主食安全。

2. 注重营养均衡。注重在加工和流通过程中保存谷物中固有的营养成分,开发适应市场需求、营养性能更好的蒸煮类主食产品,满足消费者需求。

3. 强化技术创新。积极采用高新技术和先进适用技术,推进主食产业科技创新和技术进步。

4. 发挥企业主体作用。坚持政府推动、政策引导、企业主导、有序发展,以市场化为导向,确立企业在推进主食产业化进程中的主体地位,充分发挥优势企业的引领作用。

5. 实行市场准入制。为确保粮油食品安全,主食加工业必须坚持市场准入制,实现稳步推进和高起点发展。

6. 构建全产业链发展模式。重点培育主食加工龙头企业,打造若干主食产业化集群,构建从田间到餐桌的全产业链发展模式。

（三）发展目标

1.扩大产业整体规模。到 2015 年,全省工业化主食实际产量和工业总产值分别达到 1210 万吨和 1550 亿元,主食产业化率由目前的 15％提高到 30％。到 2020 年,争取全省工业化主食实际产量和工业总产值分别达到 3870 万吨和 3110 亿元,主食产业化率达到 60％以上。在主食加工机械制造方面,馒头加工设备总产量达到 400 套,产值 6 亿元;鲜湿面条生产设备总产量达到 200 套,产值 1.2 亿元。

专栏二:河南省主食产业化主要发展目标主要品种

主要品种	2011 年		2015 年		2020 年	
	实际产量 （万吨）	工业总产值 （亿元）	实际产量 （万吨）	工业总产值 （亿元）	实际产量 （万吨）	工业总产值 （亿元）
馒头	42.8	9.73	110	60	290	150
面条	427.8	259.68	685	810	2600	2020
其中: 鲜湿面条	21.3	5.78	60	180	190	510
方便面	193.1	178.18	245	400	560	840
挂面	213.4	75.72	380	230	1850	670
米制品	19.7	10.79	45	30	290	140
速冻食品	254	360	370	650	690	800
总计	744.3	640.2	1210	1550	3870	3110

2. 提升科技创新能力。到 2015 年,新建 1 个国家级、5 个省级面米制品主食工程(技术)研究中心、重点实验室和检测中心。到 2020 年,再新建 1 个国家级、10 个省级面米制品主食工程(技术)研究中心、重点实验室和检测中心。到 2015 年、2020 年,主食产业中的科技贡献率分别达到 45％和 60％以上,整体技术水平得到较大提升。

3. 实现产业化集群发展。到 2015 年,建成 20 个具备一定规模的主食产业化集群,每个集群年产值不少于 10 亿元。到 2020 年,全省年产值 10 亿元以上的主食产业化集群总数达到 50 个以上,覆盖全省 100 个左右的县(市、区)。

三、发展布局

根据我省不同区域粮食资源优势,在豫北重点打造强筋类面制主食产业化集群,在豫中重点打造中筋类面制主食产业化集群,在豫南重点打造弱筋类面制主食产业化集群,沿黄河、淮河两岸重点打造米制主食产业化集群。

(一)馒头

1. 发展定位。以占面粉消费量比重较大的馒头为切入点,加快提升传统面制主食产业化水平。以馒头为主体,开发包括花卷、包子和杂粮、果蔬、奶油馒头等多个系列品种。以日常大众化常温鲜食馒头为主体,发展冷藏、速冻主食食品,并同时满足中式配餐和学生营养配餐的需要。培育知名馒头品牌。到 2020 年,争取创全国名牌 5 个、河南名牌 20 个。

2. 产业布局。在豫东、豫北、豫南重点发展常温鲜食馒头、营养强化馒头,在豫西重点发展杂粮馒头和果蔬馒头等。重点建设郑州、开封、洛阳、许昌、濮阳、驻马店、信阳、平顶山、三门峡等省辖市的馒头产业化集群。

107

(二) 面条

1. 发展定位。依托面粉加工企业的生产、物流和销售条件,以鲜湿面条为主体,同时开发多档次、多品种的优质营养挂面、烩面、拉面、炸酱面等产品。加快面条制品产业化生产和商品化供应的步伐,力争到 2020 年,使我省成为全国规模最大的工业化挂面和鲜湿面条制品生产大省。

2. 产业布局。在郑州、鹤壁、漯河、新乡、周口等省辖市发展鲜湿面条和挂面产业化集群;在开封、焦作、商丘等省辖市发展鲜湿面条和挂面、烩面、炸酱面产业化集群。

(三) 米制主食品

1. 发展定位。利用稻谷种植、初加工、流通等优势,发展米粥、米粉、米线、米皮、糯米粉及其制品等产品。

2. 产业布局。在郑州、新乡、开封等沿黄省辖市发展粳米产业化集群;在信阳、南阳等省辖市发展籼米、糯米产业化集群。

(四)速冻食品

1. 发展定位。着力扩大速冻米面食品规模,进一步提升速冻水饺、汤圆、粽子等产品的品质和档次,开发多种规格和口味的速冻馒头、面条、菜肴、炒饭等新产品,提高装备配套能力,实现产品系列化、规模化。以中华传统美食为重点,采用现代速冻加工技术,发展传统特色主食食品、微波套餐食品等。

2. 产业布局。在郑州、开封、安阳、三门峡、信阳等省辖市发展速冻食品产业化集群。

(五)方便食品

1. 发展定位。大力发展以米面、杂粮为主要原料的方便食品。积极开发多种口味、营养强化的方便面、速食粥、方便米饭、快餐米饭和方便即食玉米、饼干、糕点、比萨及豆类、薯类等方便食品,不断研发早餐麦片、玉米片、杂粮膨化食品等新产品。

2. 产业布局。在郑州、焦作、新乡、漯河、南阳等省辖市发展方便面产业化集群；在郑州、安阳、济源等省辖市发展面包、比萨、饼干、糕点等烘焙类方便主食产业化集群。

四、发展任务

（一）实施项目带动，提升产业水平

以重点项目为抓手，不断推进馒头、面条、米制品和速冻、方便食品等主食产业化水平，满足城乡居民对主食消费的需求。以现有骨干企业为依托，扶持具有自主知识产权、拥有一定市场影响力的行业领头企业，带动整个行业快速、健康、有序发展。2012－2020年，在总结试点经验的基础上，在相关省辖市和县（市、区）同时推进主食产业化重点项目，分别建成日产30万个馒头和日产5万公斤面条的项目各100个（其中到2015年各建成30个）；建成日产5万公斤速冻、方便食品项目60个，米制熟食品项目30个（其中到2015年分别建成20个和10个）。

（二）加强关键装备研发，提供基础保障

结合我省小麦、稻谷等粮食作物的主要品质特性，切实提高主食装备产能和加工组装水平，加快馒头、鲜湿面条装

备基地建设,推动主食加工业全面发展。鼓励和支持粮机企业加大对主食加工、包装机械的研发力度。以提高食品质量、保障安全和节能降耗为目标,加强对馒头(包子)、面条、无菌包装米饭等主食生产设备的研发,不断提高装备的自动化、成套化水平,满足主食产业化生产需求。

(三) 建立优质面粉和专用粉供给基地,推动主食产业化发展

根据我省小麦区域品质情况,借鉴国际先进经验,在豫北、豫东和豫中优质小麦产区建立馒头、面条优质专用粉和预拌粉生产基地。通过预拌粉项目建设和加速对现有部分骨干粉厂的技术改造,切实提高优质专用面粉质量,满足全省面制主食的生产需求。按照全省面制主食产业化集群布局,通过新建或对原有粉厂进行技术改造,到 2015 年、2020年分别建成 8 个、20 个日处理能力 500 吨以上的主食用预拌粉厂。

专栏三:主食产业化科研重点开发内容

面制食品保鲜技术开发:满足面制主食流通性、方便性、商品性要求,开发面制主食的保鲜工艺技术和产品。

大米研究项目:残米、碎米的再加工利用技术研究,速食米饭、米粥、米粉、米皮、米线工艺进行开发;营养强化大米技术研究,糯米粉深加工技术研究。

速冻食品研究项目:加强速冻面米及调制食品品质安全控制研究,完善速冻食品品质安全标准,建立速冻面米及调制食品原料加工和冷链流通过程中的品质安全控制体系。

主食专用粮食作物新品种攻关项目:依据米制和面制主食加工的特殊要求,与农业科研部门或种业公司合作,开发适应市场需要的主食专用粮食作物新品种。

智能化装备研究:研发品质全面超越手工馒头和面条、自动化程度高、科技含量高,具有自主知识产权的现代化成套流水线。

功能性主食品的开发:加大对荞麦、燕麦等小品种作物的功能特性研究和婴幼儿食品开发的力度,同时开发适于糖尿病人和肥胖者食用的荞麦馒头、蔬菜馒头、南瓜面馒头等。

主食全程食品安全控制信息技术攻关项目:食品安全风险监测与评估体系建设,食品和食品生物性化学性污染物检测与装备研发,食品污染物检测技术与装备研发;开发食品安全监控软件,建立食品安全突发事件监控与预警立体交叉网络信息系统。

(四) 强化基础科研,构建创新平台

111

积极开展以谷物化学为主体的基础科研,以基础科研积累为支撑,着力解决鲜湿面制品保鲜、方便米饭复水性等共性关键技术难题。加强有针对性的农作物育种和推广工作,促进主食加工企业与种粮大户加强合作。鼓励主食加工企业与科研院校和机构共建科技创新平台,力争到2015年,建立5个省级、2个国家级面制主食产品科技创新基础平台,到2020年,建立10个省级、4个国家级面制主食产品和米制主食产品科技创新基础平台,为全省主食加工业可持续发展提供强有力的科技支撑。

(五) 加快种植基地建设,提高原粮品质

以标准化、规模化、专用化、产业化为重点,以面米主食

产品生产需求为方向,进一步加大对专用粮食品种的繁育推广力度,提高原粮品质,重点发展有机、绿色、无公害的粮食作物。鼓励主食加工、预拌粉生产企业到优质粮食主产区开展产销衔接。到 2015 年,重点在豫北、豫中、豫东等中筋小麦及豫南弱筋小麦种植区,建立 12 个标准化主食专用小麦示范基地,总面积在 330 万亩以上;在郑州、新乡、开封、信阳、南阳等省辖市有选择地建立 3－5 个粳稻、中籼稻、糯稻种植基地,总面积在 150 万亩以上;在洛阳、南阳、安阳、周口、三门峡等省辖市有选择地建立 5 个荞麦、燕麦、高粱、谷子、豌豆等小杂粮实验种植区,总面积在 2.5 万亩以上。到 2020 年,标准化主食专用小麦示范基地面积达到 800 万亩以上,粳稻、中籼稻、糯稻种植面积达到 300 万亩以上,优质小品种杂粮种植区面积达到 5 万亩以上。

(六) 完善标准体系,促进产业发展

建立健全包括国家标准、行业标准、地方标准、企业标准等在内,层次分明的主食产品标准体系。重点制定或修订"馒头类蒸制食品卫生标准""鲜湿面条卫生标准""营养强化馒头""主食馒头专用杂粮"等标准,同时鼓励企业积极制定企业标准。建立完善以产品标准和卫生标准为主要内容的工业主食标准体系。到 2015 年,争取由我省组织或参与制定(修订)主食相关行业、地方标准 3 项,国家标准 2

项。到 2020 年,争取由我省组织或参与制定(修订)主食相关行业、地方标准 5 项,国家标准 3 项。

(七)集聚主食产业,加快产业化集群建设

建设一批具有河南特色的主食产业化集群和综合性粮油加工园区,加快建立现代主食产品物流配送体系。在土地征用、基础设施建设等方面,支持和鼓励主食加工企业与主食设备生产、物流配送等相关企业进行合作,实现要素资源合理配置,共同推进主食产业化集群快速发展。

(八)发展连锁经营,加强主食品配送体系建设

以大型国有、民营和股份制企业为龙头,组建全省主食品销售企业集团。采取多种措施,发展以主食产品经营为主的城乡便民超市、连锁店。进一步加强城乡便民超市和连锁店的主渠道销售,不断拓宽粮油产品特别是主食产品的配送销售渠道。

(九)围绕主食加工应用,加大人才培养力度

发挥企业在人才培养中的主体作用,推动企业与科研院校开展多种层次的科研合作。依托河南工业大学、河南农业大学、河南省农科院等科研院校机构,加大对高层次专业技术人员和管理人员的培养力度;依托河南省面制食品

工程研究中心等行业科研机构,积极开展对外交流与合作,培养创新骨干人才和实用人才;依托河南工业贸易职业学院、河南省经济管理学校、河南经济贸易高级技工学校等院校,开展与行业需求相一致的普通教育和职业教育,培养各层次的专门技术人才。

五、保障措施

114

(一)加强对主食产业化发展工作的组织领导

各级政府要高度重视主食产业化发展工作,切实加强组织领导。省粮食局要进一步搞好全省粮油加工业特别是主食产业化发展规划,抓好工作落实。各有关部门要按照职责分工密切配合,通力协作,共同推进我省主食产业化。

(二)发挥财税和金融政策的引导作用

一是加大财政支持力度。2012—2020年,省财政每年安排专项资金,重点支持主食产业化发展。二是加大金融信贷支持力度。农业发展银行要加大对粮油加工园区、订单生产基地建设和主食产业化企业技术改造、物流配送等的贷款支持力度,其他商业银行要对主食产业化建设项目给予积极支持。要筛选一批符合产业政策、产品竞争力强、具有良好发展前景和增长潜力的主食产业化企业进入省重点上市企业后备资源库,支持其上市融资。三是争取和落实国家有关的优惠政策,为主食加工企业加快发展创造条件。

(三)加大对名优主食品牌的培育力度

以优势骨干企业为主体,通过自主创新、品牌经营、地理标志保护、商标注册、专利申请等举措,培育一批拥有自主知识产权和核心技术、市场竞争力强的知名品牌。对获得中国名牌产品和驰名商标的粮油精深加工及主食产业化企业,省政府给予通报表彰。

专栏四:分工安排

专项工作	牵头单位	参加单位
主食加工重点建设项目	省粮食局	相关建设区域的省辖市和县级政府、粮食局
主食装备加工基地	省粮食局	省工业和信息化厅、发展改革委,相关建设地的政府、粮食局
预拌粉生产基地建设项目	省粮食局	省农业厅和相关建设区域的省辖市和县级政府、粮食局
主食科技创新项目	省科技厅	省发展改革委、粮食局、农业厅、财政厅、河南工业大学、河南农业大学、河南省面制食品工程研究中心

专项工作	牵头单位	参加单位
主食专用粮食种植基地项目	省农业厅	省粮食局和相关建设区域的省辖市、县级政府、粮食局
主食加工集聚区建设项目	省粮食局	省国土资源厅、环保厅、商务厅、财政厅和相关建设区域的省辖市、县级政府、粮食局
制定和落实财税支持政策	省财政厅	省发展改革委、工业和信息化厅、国税局、地税局、粮食局
推进重点产业集聚区建设	省发展改革委	省国土资源厅、粮食局、住房城乡建设厅、环保厅、工业和信息化厅、财政厅、商务厅
主食品行业标准制定及标准、质量体系建设	省卫生厅	省质监局、工商局、粮食局和有关科研院校、企业
主食品物流、营销网点建设项目	省商务厅	省发展改革委、交通运输厅、供销社、粮食局
人力资源体系建设	省教育厅	省人力资源社会保障厅、工业和信息化厅、粮食局

（四）强化科技创新平台的建设

依托河南农业大学、河南工业大学和主食加工重点企业，申报组建国家级工程技术（研发）中心、重点实验室、企业技术中心等科研机构。对申报国家级、省级主食工程研究（技术）中心、企业技术中心成功的主食研发机构和生产企业，省政府予以奖励；按照国家税务总局等有关部门的要求,落实主食加工企业研发费用加计扣除政策,促进企业加大研发投入。

(五) 切实抓好招商引资和对外开放工作

通过招商引资,有计划、有选择地新建一些主食加工企业。鼓励我省优势主食加工企业与省外资本市场对接,到省外投资建设主食加工原料、生产基地和营销网络。对在省外具有一定知名度和品牌影响、发展速度较快的主食加工企业给予表彰和奖励。

117

(六)营造良好的主食产业发展环境

要通过广播、电视、报刊、各类展会等媒体和平台,大力宣传推进主食产业化的重要性,营造全社会关注和支持主食产业化发展的良好氛围。要全面落实监管责任制,确保主食市场安全、健康发展。依照相关法律、法规和政策,加强对主食加工企业的指导和管理,严防无序竞争。要充分发挥行业协会等中介组织的作用,制定行业规则,强化行业自律,推动我省主食产业化持续发展。

中华人民共和国国家标准

GB/T 21118—2007

小麦粉馒头

Chinese steamed bread made of wheat flour

2007-10-16 发布

2008-01-01 实施

GB/T 21118—2007

前　言

本标准的附录 A、附录 B 和附录 C 为规范性附录。

本标准由国家粮食局提出。

本标准由全国粮油标准化技术委员会归口。

本标准起草单位:河南兴泰科技实业有限公司、国家粮食局科学研究院、河南工业大学、安琪酵母股份有限公司。

本标准主要起草人:孙辉、王凤成、郑心羽、陈蓉、苏东民、姜薇莉、刘长虹、杨业栋、杨子忠、田晓红、程爱华。

GB/T21118-2007

小麦粉馒头

1 范围

本标准规定了小麦粉馒头的术语和定义、技术要求、检验方法、检验规则、判定规则、标签标识以及包装、运输和贮存等的要求。

本标准适用于以小麦粉为原料生产的商品馒头。

2 规范性引用文件

下列文件中的条款通过本标准的引用而成为本标准的条款。凡是注日期的引用文件，其随后所有的修改单（不包括勘误的内容）或修订版均不适用于本标准，然而，鼓励根据本标准达成协议的各方研究是否可使用这些文件的最新版本。凡是不注日期的引用文件，其最新版本适用于本标准。

GB 1355　小麦粉

GB 2760　食品添加剂使用卫生标准

GB/T 2828.1　计数抽样检验程序　第 1 部分:按接收质量限(AQL)检索的逐批检验抽样计划

GB/T 4789.3　食品卫生微生物学检验　大肠菌群测定

GB/T 4789.4　食品卫生微生物学检验　沙门氏菌检验

GB/T 4789.5　食品卫生微生物学检验　志贺氏菌检验

GB/T 4789.10　食品卫生微生物学检验　金黄色葡萄球菌检验

GB/T 4789.15　食品卫生微生物学检验　霉菌和酵母计数

GB/T 5009.3－2003　食品中水分的测定

GB/T 5009.11　食品中总砷及无机砷的测定

GB/T 5009.12　食品中铅的测定

GB 5749　生活饮用水卫生标准

GB 7718　预包装食品标签通则

GB 14880　食品营养强化剂使用卫生标准

GB 14881　食品企业通用卫生规范

3　术语和定义

下列术语和定义适用于本标准。

3.1

小麦粉馒头　Chinese steamed bread made of wheat flour

以小麦粉和水为原料,以酵母菌为主要发酵剂蒸制成的产品。

4　技术要求

4.1　原料要求

4.1.1　小麦粉应符合 GB 1355 的规定。

4.1.2　食品添加剂和营养强化剂应符合 GB 2760 和 GB 14880 的规定。

4.1.3　水应符合 GB 5749 的规定。

4.1.4　酵母和其他辅料应符合国家有关质量和卫生的规定。

4.2　感官质量要求

4.2.1　外观:形态完整,色泽正常,表面无皱缩、塌陷,无黄斑、灰斑、黑斑、白毛和粘斑等缺陷,无异物。

4.2.2　内部:质构特征均一,有弹性,呈海绵状,无粗糙大孔洞、局部硬块、干面粉痕迹及黄色碱斑等明显缺陷,无异物。

4.2.3　口感:无生感,不粘牙,不牙碜。

4.2.4　滋味和气味:具有小麦粉经发酵、蒸制后特有的滋味和气味,无异味。

4.3　理化指标

理化指标要求见表1。

表 1　理化指标

项　目	指标
比容/(mL/g)	≥1.7
水分/%	≤45.0
pH 值	5.6－7.2

4.4　卫生指标

4.4.1　卫生指标要求见表 2。

表 2　卫生指标

项　目	指标
大肠菌群/(MPN/100g)	≤30
霉菌计数/(CFU/g)	≤200
致病菌(沙门氏菌、志贺氏菌、金黄色葡萄球菌等)	不得检出
总砷(以 As 计)/(mg/kg)	≤0.5
铅(以 Pb 计)/(mg/kg)	≤0.5

4.4.2 其他卫生指标应符合国家卫生标准和有关规定。

4.5 生产加工过程的技术要求

4.5.1 生产过程的卫生规范应符合 GB 14881 的规定。

4.5.2 生产过程中不得添加过氧化苯甲酰、过氧化钙。不得使用添加吊白块、硫黄熏蒸等非法方式增白。

124

5 检验方法

5.1 比容测定:按照附录 A 规定的方法进行测定。

5.2 pH 测定:按照附录 B 规定的方法进行测定。

5.3 水分测定:按照附录 C 规定的方法进行测定。

5.4 总砷:按 GB/T 5009.11 的规定执行。

5.5 铅:按 GB/T 5009.12 的规定执行。

5.6 大肠菌群:按 GB/T 4789.3 的规定执行。

5.7 霉菌计数:按 GB/T 4789.15 的规定执行。

5.8 沙门氏菌:按 GB/T 4789.4 的规定执行。

5.9 志贺氏菌:按 GB/T 4789.5 的规定执行。

5.10 金黄色葡萄球菌:按 GB/T 4789.10 的规定执行。

6　检验规则

6.1　出厂检验项目

比容、pH 和感官质量。

6.2　组批

同一天同一班次生产的同一品种的产品为一批。组批量以馒头个数计。

6.3　抽样数量和方法

在成品仓库内随机抽取样品,依据组批量,按照 GB/T 2828.1 规定的方法取样,抽样数量见表 3。

表 3　抽样数量

组批量(最小包装数)	样本量(包装个数)
2—50	2
51—500	3
501—35000	5
35001 及其以上	8

7 判定规则

7.1 全部质量指标符合本标准规定时,判定该批产品为合格。

7.2 不超过两项指标不符合本标准规定时,可在同批产品中双倍抽样复检,复检结果全部符合本标准规定时,判定该批产品为合格;复检结果中如仍有一项指标不合格时,判定该批产品为不合格。

7.3 卫生指标有一项不符合本标准规定时,判定该批产品为不合格,不得供人食用。

7.4 在"感官质量要求"检验中,如发现有异味、污染、霉变、外来物质时,判该批产品为不合格,不得供人食用。

8 标签标识

8.1 标签应符合 GB 7718 的规定。

8.2 产品名称:符合本标准的规定和要求的产品,允许标注的名称为小麦粉馒头。

8.3 标签上应注明产品的保质条件和保质期,并醒目地注明食用前应加热。

9　包装、运输、贮存

9.1　包装:包装容器和材料应符合相应的卫生标准和有关规定。

9.2　运输:运输产品时应避免日晒、雨淋。不应与有毒、有害、有异味或影响产品质量的物品混装运输。运输时应码放整齐,不应挤压。

9.3　贮存:产品应贮存在阴凉、干燥、清洁、无异味的场所。不应与有毒、有害、有异味、易挥发、易腐蚀的物品同处贮存。

附录 A

（规范性附录）

小麦粉馒头比容测定

A.1 仪器

A.1.1 天平:感量 0.01g。

A.1.2 面包体积测量仪。

A.2 测定步骤

A.2.1 称量

蒸制好的馒头冷却 1h 后,取 1 个馒头称量,精确到 0.1g。

A.2.2 体积测量

用馒头体积测量仪(菜籽置换法)测量馒头体积,精确到 5mL。

A.3 结果计算

馒头比容按式(A.1)进行计算。

$$\lambda = \frac{V}{m} \quad\cdots\cdots\cdots\cdots\cdots\cdots\cdots\cdots\cdots\cdots\cdots\cdots (A.1)$$

式中:

λ——馒头比容,单位为毫升每克(mL/g);

V——馒头体积,单位为毫升(mL);

m——馒头质量,单位为克(g)。

计算结果保留小数点后 1 位。

A.4　精密度

在重复性条件下获得的两次独立测定结果的绝对差值不应超过 0.1mL/g。

附录 B

（规范性附录）

小麦粉馒头 pH 的测定

B.1 仪器

B.1.1 pH 计。

B.1.2 天平:感量 0.01g。

B.1.3 高速组织捣碎机。

B.2 测定步骤

B.2.1 **试样制备**

将待测馒头样品切碎,置于高速组织捣碎机的捣碎杯中,粉碎 3min,置于磨口瓶中备用。称取上述粉碎后的试样 50.0g 置于高速组织捣碎机的捣碎杯中,加入 150mL 经煮沸后冷却的蒸馏水,再捣碎至均匀的糊状。

B.2.2 pH **计的校正**

以下提到的试剂均为分析纯试剂。

称取 3.402g 磷酸二氢钾和 3.549g 磷酸氢二钠,用煮沸后冷却的蒸馏水溶解后定容至 1000mL。此溶液的 pH 为 6.92(20℃)。

称取 10.12g 烘干后的邻苯二甲酸氢钾,用煮沸后冷却的蒸馏水溶解后定容至 1000mL。此溶液的 pH 为 4.00

（20℃）。

采用两点标定法校正 pH 计。如果 pH 计无温度校正系统,缓冲溶液的温度应保持在 20℃ 以下。

B.2.3　试样的测定

将 pH 复合电极插入足够浸没电极的 B.2.1 制备的试样中,并将 pH 计的温度校正器调节到 20℃。待读数稳定后,读取 pH。同一个制备试样至少要进行两次测定。

B.3　结果计算

取两次测定结果的算术平均值作为测定结果,精确到 0.01。

B.4　精密度

在重复性条件下获得的两次独立测定结果的绝对差值不应超过平均值的 2%。

131

附录 C

（规范性附录）

小麦粉馒头水分测定

C.1 仪器

C.1.1 高速组织捣碎机。

C.1.2 干燥箱。

C.1.3 天平:感量 0.01g。

C.1.4 扁形铝制或玻璃制称量瓶:内径 60－70mm,高 35mm 以上。

C.2 试样制备

将待测馒头样品切碎,置于高速组织捣碎机的捣碎杯中,粉碎 3min,置于磨口瓶中备用。

C.3 测定方法

准确称取 2.00－5.00g 试样置于称量瓶中,放入 60－80℃的干燥箱中干燥 2h,再按 GB/T5009.3－2003 的第一法"直接干燥法"的规定进行测定。

C.4 结果计算

样品水分含量按式(C.1)进行计算。

$$X = \frac{m_1 - m_2}{m_1 - m_3} \times 100 \quad \cdots\cdots\cdots\cdots\cdots\cdots\cdots\cdots\cdots\cdots \quad (C.1)$$

式中：

X——样品中的水分含量，%；

m_1——称量瓶和样品的质量，单位为克（g）；

m_2——称量瓶和样品经过两次干燥后的质量，单位为克（g）；

m_3——称量瓶的质量，单位为克（g）。

计算结果保留小数点后 1 位。

后　记

于学军

吃馍喝汤，是中国北方人的家常饭式。千百年来，代代相传，人们对此习以为常。

笔者出生在河南，吃蒸馍喝稀饭长大，大学就读于郑州粮食学院（现河南工业大学）。或许是生活环境影响，或许是专业背景启发，也或许是好奇心驱使，总想对吃馍喝汤这个看似自然而然的事情琢磨出个来龙去脉。所以，就有了这本《馒头话题》。

本书是一部论文集，是笔者近年来学习、探讨馒头文化的心得体会。书中各篇都曾单独发表过，此次结集出版时，基本保持了其初次发表时的原貌，对相关引文做了规范性的处理。

《馒头话题》旨在抛砖引玉，呼吁树立馒头在世界主食品中应有的地位，呼吁把握住馒头文化在世界饮食文化中应有的话语权，呼吁中国人要端好自己的饭碗。

河南师范大学党委书记郑邦山教授为本书作序，河南工业贸易职业学院潘新超院长为本书题写书名,河南工业贸易职业学院孟令箭处长为本书插图摄影,浚县善堂镇康村泥玩传人康号彬为本书插图泥塑,河南大学马小泉教授及河南大学出版社马博主任、肖凤英老师、马龙老师在本书出版过程中给予热情帮助和指导。在此一并深谢。

《馒头话题》发细音于微孔、传心声致寥廓,说得不对之处,恳请读者指正。

2016 年 3 月 24 日